饮·食教室 03

食鲜小菜自制指南

（日）EJ 出版社 编著

王祎 译

U0200727

华中科技大学出版社
http://www.hustp.com

有书至美
BOOK & BEAUTY

中国·武汉

目录

用严选食材
004 在家自制美食

012 水产料理

074 蔬菜料理

＊关于容量，菜谱中的"大匙"为15毫升，"小匙"为5毫升，"杯"为200毫升。
＊关于菜量，菜谱中如未特别说明，均为2人食用的量。
＊书中的照片为摆盘示例，可能与菜谱中的实际份量。配比不同。
＊书中的保质期为大致期限，会随着季节而变化。
＊书中所记述的健康功效是根据营养学得出的结论，不能保证对每个人都有效。
编者按：市场价格有所浮动，书中价格仅供参考。

"想吃到好吃的菜肴"，
人们对美食的向往尽在此言中。
从甄选食材开始，
花费时间、耗费工序，
只为追求自己喜欢的味道。
经过这一系列过程，
才能真正体会到
品尝美味成品时的
那份喜悦。

自己在家做美食
是需要倾注精力的

在家自制美食的基本技巧

要在家烹制出美味的食鲜小菜，一定要掌握这些基本技巧，这里将会一一作介绍。以此为基础，开始享受你的自制美食生活吧！

甄选食材

练就挑选食材的犀利眼光是成为自制美食达人的捷径

自己在家烹制美食，要从挑选食材开始。既然花费时间和精力来制作，就一定要亲自挑选与确认食材。最重要的是一定要挑选应季的新鲜食材。因为应季的食材不仅价格便宜，而且正值味美之时。

【 鱼 】

按时节来选择鱼类非常重要。在某一时节，当你看到市面上到处都在卖某种鱼的时候，就可以判断这是"应季的鱼"了。为了保证质量，建议到水产店里去买。

眼睛清澈明亮

鱼如果不新鲜了，眼睛周围就会变红。要选眼睛清澈明亮的。

鳃部色泽鲜艳

鳃部反映着鱼血的颜色，如果是茶色的，或者出血，则表明鱼已经不新鲜了。

鱼身有弹性

要选择肉质弹性好，且体表花纹清晰的。

【 蔬菜 】

蔬菜的新鲜度是美味的关键，首先，当然要在经常进菜的店里去买，此外还要重点观察菜的切口处是否已经变色。嫩叶部分是否枯萎。

叶片厚、份量重

选叶片厚而紧实，掂在手上感觉比较重的菜，注意检查一下有没有枯叶。

有光泽、有弹性

外表没有伤，光泽度及弹性好的为佳。对于果实类的菜，要挑饱满圆润的。

切口水灵灵的

菜收获后，如果放的时间长了，切口处大多会变色，要选切口处水灵的。

【 肉类 】

肉类可分为很多品种与等级，价格高低不一。肉的部位和切的方式不同，味道也会有差异，但共通的一点是，肉要选颜色新鲜，肉质弹性好的。

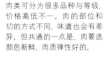
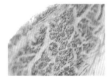

色泽鲜红

对于牛肉，质地柔润，富有光泽。颜色鲜红的为佳。

富有弹性

要选看起来肉质紧实，摸起来弹性好，给人感觉厚实而弹手的。

肝要选新鲜的

选肝最重要的就是新鲜度，要在值得信任的店家购买，买回来后也要注意保鲜。

准备工作

（二）

每一道工序都将左右最终的味道

大家日常在家做饭，总不会把鱼切成大块，把菜随便切几下就扔进锅里吧？省一些工序，确实会更方便，但在家自制美食的话，也要一丝不苟地按一道道工序制作，追求极致美味。

当你买来一整条鱼的时候，要从"收拾"开始做起。去鳞，取出内脏，再切成"三大片"。剩下的鱼骨不要浪费，用来做成"骨仙贝"也会是一大乐趣。即使是整颗的蔬菜，也要根据烹饪方式选择恰当的切法。这些工序所花费的时间，都将酝酿并最终转化成自制美食的美味精华。

【 鱼 】

大家往往会觉得收拾鱼很麻烦，其实熟练的话就会觉得很简单，短时间内就能轻松搞定。除了基本的"三大片"切法、"五大片"切法、开背法、开腹法也都应掌握，并根据烹饪的需要恰当选用。

收拾鱼的基本方法——"三大片"切法

甲壳类、贝类

贝类可以使用专门的开贝工具来撬开贝壳，切下贝柱，使贝肉的部分与贝壳分离。从贝肉部分中去除内脏、肝和肾管。处理虾的话，先用手将虾头拽掉，用浓度与海水接近的盐水清洗，再剥壳。

将鱼去鳞，去头，去除内脏，从腹部纵向下刀，一直切至鱼尾。在鱼背一侧由尾向头切开，一直切至鱼肉与尾部分离，然后左手稍抬起鱼身从鱼背处贴着脊骨入刀。这样切下一半即成"两大片"的状态。另一侧也以同样的方式切。最后切至鱼肉与尾部分离，即成两片鱼肉与鱼骨分离的"三大片"。

【 蔬菜 】

蔬菜可分为叶类菜、果实类菜等种类，它们各具特色，处理方法也各不相同。要了解各种蔬菜的特点，恰当地进行处理。

洗菜也有诀窍

洗菜叶时，将容易积存泥垢的菜根部分捻开，仔细清洗，然后再整体冲洗。

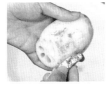

去皮时要留意

有些菜的皮及皮下的部分富含营养，所以应根据蔬菜的种类选择是否去皮。

有时也要用碱水泡一下

虽然不用碱水泡的话也没关系，但为了让菜更美味，最好这样处理一下。

切菜的方式也要多琢磨

即使是相同的菜，用不同的方式切，口感和味道也会不同，要掌握一些适合不同烹饪方式的切法。

烹饪

掌握丰富多样的烹饪方法

根据时节选择了新鲜的食材，认真地进行了处理，现在终于该开始烹饪了。

烹饪的方法非常多样。使用相同的烹饪方法和作料，即使食材不同，也能做出完全不同的菜肴，这就是做菜的一大乐趣。在掌握了丰富多样的烹饪方法之后，应用起来也会更加得心应手。本书中所呈现的菜谱，其实也只是给出一些例子而已。比如"盐辛乌贼"这道菜，其做法也完全可以应用在章鱼上。做菜就是这样，最重要的就是要自由发挥想象，心情愉悦地去做。

【 煮 】

对日本料理而言，"煮"是一种非常重要的烹饪方法。除了用水或汤汁加热食材之外，被加热的汤汁也可灵活运用到菜中。肉、蔬菜等食材煮之前先炒一下，可以避免煮得过烂或精华流失到汤中。

【 风干 】

"风干"是指通过在阳光下暴晒使食物变得干燥，随着食材中的水分散失，精华也逐渐凝结。风干食物易于保存，与生吃时不同的口感也值得品味，代表性的风干食物有干货及蔬菜干等。蔬菜风干后营养价值会更高。

【 烤 】

烤是最简单的一种烹饪方法，烤东西的时候，要在平底煎锅或深锅烧到足够热时加入食材。要防止食材放入时锅内温度急剧下降。此外，还有烤箱烤、蒸烤等多种烤制方式。

【 发酵 】

在微生物的作用下，可以制作出发酵食品。除了酱油、味噌等调料，奶酪、纳豆、面包、酒、酸奶等也均属此类。经过发酵，食物的香气及味道等都会更加丰富，营养价值有所提高，也更易于保存。

【 熏制 】

熏制可以产生独特的风味，是面向烹饪高手的进阶技巧，其基本流程分为用盐腌渍、脱去盐分、干燥、烟熏、熟成等5个阶段。烟熏法可大致分为温熏、热熏和冷熏3种方法，需要根据食材巧妙地区分运用。

【 腌 】

以"腌菜"为代表的烹饪方法，将食物放入各种各样的调料或腌渍料中即可。盐腌法多在对食材进行处理时使用，此外还有酱油腌、味噌腌、醋腌等多种腌渍手法。

在家自制美食
调料也要
格外讲究

熟知各种调料的特性，将在很大程度上决定着自制美食的味道。除了解调料本身的风味之外，也要多多尝试在烹饪时加入不同调料会产生怎样的味道。如能得心应手地拿捏分寸，做出的菜肴也会美味倍增。

甜 【 糖 】

糖是以甘蔗或甜菜等为原料提取的调料。日常烹饪中，俗称"白糖"的绵白糖比较常用，白砂糖可用于制作点心或酿制水果酒等，三温糖可用于煮制食物或含有味噌的菜肴，能使味道更加浓厚。

白砂糖

三温糖

绵白糖

咸 【 盐 】

盐的种类很多，建议选择富含矿物质成分的天然盐或自然盐等。此外，家中应多备几种盐，根据用途和菜肴来区分使用，例如，餐桌盐可选择干燥盐，而做法式菜肴时可选用岩盐。

溶解，立式反应釜法

岩盐，采掘

平衡釜法（晒制盐）

酸 【 醋 】

醋的调味效果立竿见影，稍加一点就能让菜肴提升一个档次。以谷物为原材料制成的谷物酿制醋由于没有特殊的味道，用途十分广泛，米醋适合制作醋饭及醋拌凉菜等一般的日式料理，而陈醋最适合做中国菜。

米醋

陈醋

谷物酿制醋

鲜 【 酱油 】

酱油主要分为浓口酱油、淡口酱油、溜酱油、再发酵酱油和白酱油等5种，一般来说，浓口酱油用于烹饪菜肴，淡口酱油用于提鲜，白酱油则用于制作汤、羹类及茶碗蒸等。

淡口酱油

白酱油

浓口酱油

香 【 味噌 】

味噌根据所用原料的不同，分为米制味噌、豆制味噌、麦制味噌等种类。占到总产量约80%的是米制味噌，以不同味噌混合而成的混合味噌，在调味方面用途广泛，白味噌适合用来制作腌渍类小菜和凉拌菜等，麦制味噌适合用来炖煮疏菜。

红味噌

白味噌

混合味噌

【白萝卜】

让日本引以为傲的白萝卜，产量，消费量均居世界首位，是餐桌上必不可少的蔬菜之一，在自己家做的话……

用严选食材
在家
自制美食

美味至极的

69

道菜谱

【曝腌咸萝卜】
口感咯吱咯吱爽脆，美味的东京名菜大功告成！因为是自己在家做的，腌出的甜味很自然。

既然是在家

精心烹制美食，

食材就一定要亲自

精挑细选，

追求最佳的菜肴品质。

首先

按照水产、蔬菜、肉类等类别

分别介绍食材的

品牌、种类、

挑选时的要点，

以及时令季节等必备知识。

帮助您进一步丰富

自制美食的菜谱，

将美味进行到底！

用严选食材在家自制美食

水产

料理

水产料理不仅能为晚上小酌时添道下酒菜，搭配米饭也很出彩。要做【盐辛乌贼】，建议选用日本九州呼子产的剑先乌贼，其卓越品质享有盛誉。且剑先乌贼终年味美，随时可做。做【腌鲹鱼干】，可选用春夏季节时味道最佳的关鲹。8月至初秋时节，可选取松轮的鲭鱼，做成【日式甜料酒腌鲭鱼干】。与青芥的爽辣相得益彰的【芥末章鱼】，要用肉质紧致的明石章鱼来做。做【鲷鱼海带卷】，建议选用和歌山县友岛周边海域的加太真鲷。作为茶点，来点【虾仙贝】怎么样？尽量选用骏河湾的樱虾来做吧。要做【玄蛤佃煮】，建议尝试使用松川浦产的玄蛤。

选用在7—10月愈发美味的鲣鱼来做【鲣鱼拍松】，其中的绝妙味道自可体味。用北海道产的海胆做出的【海胆味噌】，是日本酒的绝佳搭档。要搭配啤酒或红酒的话，则以【油腌牡蛎】为最佳。如果愿意挑战比较费事的熏制类美食，一定要做【烟熏三文鱼】。金枪鱼做成刺身吃也不错，但【炖金枪鱼块】的味道更是超乎想象。最后还要说一下适合摆上早餐桌的【一夜鲽鱼干】。宫城县亘理产的鲽鱼肉质厚实，最适合做鱼干。

Devilfish／乌贼 【时令：11月—次年4月】

乌 贼

自古便牢牢抓住日本人的胃
和式食材中的代表

作为在日本消费最多的水产，乌贼这一食材与"和食文化"密切相关。据说，日本早在奈良时代便开始食用乌贼。现在更有消息称，日本的乌贼消费量约占

烟乌贼

Bigfin reefsquid

终年美味。绝妙的味道，在口中融化般的香气，以及很有嚼劲的口感，真是美妙的享受。如果想品尝其原本的美味，吃刺身为佳。

Check!

▽

挑选时的要点

❶ 眼睛旁边有亮蓝色的部分（对"烟乌贼"而言）。

❷ 身体有弹性，中段不软，不瘪。

❸ 边缘的"耳部"很透明，且轮廓清晰。

❹ 颜色发白的不要选。

妙处尽在
由内而外透出的香味
以及弹牙的口感

在家处理乌贼的方法（以"烟乌贼"为例）

❶ 在身上骨板和肉的相连处纵向划开一刀。这是为了便于稍后揭去薄膜而已，所以下刀要轻。

❷ 从刀口处开始，将内层薄膜慢慢揭起来。

❸ 一手抓住腕足，另一手将棉花状的内脏从身体里拽出来，动作要轻缓。

❹ 把内脏从腕足根处拽下来，拽的时候需注意不要弄破墨囊。

❺ 两侧也进行同样的处理，先从身体和表皮之间下刀，再剥掉最外面的皮。

全球乌贼捕捞量的一半。日本人就是这么爱吃乌贼。

乌贼种类繁多，仅栖息在日本近海的乌贼就多达50余种。大致可以分为像鱿鱼那样筒形的"枪乌贼"，以及椭圆形、带甲的"纹甲乌贼"。

以下介绍的是日本乌贼产地的分布及著名品牌，大家可以就近选材来丰富自家的餐桌。乌贼新鲜时最好吃，所以如果是最新鲜的，建议尽量做成刺身或寿司来生吃。当然，其他吃法也很多样，比如用盐腌渍或做成"一夜乌贼干"保存起来慢慢吃等。因为是在自家做美食，稍稍多加几道工序，便能凝结成美味，做出不同于生吃的醇厚味道。无论下酒还是当作茶点，都会很出彩。

乌贼的主要种类

日本鱿
Japanese flying squid

消费最多的一类乌贼。因捕捞量大，价格也比较便宜，其冷冻、腌渍产品等也很常用，非常受欢迎。

荧光乌贼
Watasenia scintillans

体长6—7厘米的小型乌贼，因能发出银白色的光而被人们熟知。日本自古便食用荧光乌贼，有腌渍、醋味噌、凉拌等多种做法。

剑尖枪乌贼
Photololigo edulis

在日本各地均可捕捞到。不过玄界滩出产的剑先乌贼尤为有名，切成鲜鱼片生吃，能够尝到最佳的香味与弹牙口感。

金乌贼
Sepia esculenta

在餐馆、料亭才可以吃到的高级食材。肉质嚼劲十足，香味也很浓郁，可用于做刺身、天妇罗等。

长枪乌贼
Loligo bleekeri

生吃较多，常用作刺身或寿司的主料。因自带香味，也适合做成"一夜乌贼干"等加工食品。

有代表性的产地及品牌

① 静冈县　石廊乌贼

捕捞于南伊豆的石廊崎冲，由于附近有渔场，新鲜度上佳，制成的腌渍乌贼为名产。

② 须佐　男命乌贼

于山口县萩市捕获的剑先乌贼，多用竿钓的方法钓取，其状态非常鲜活。

③ 呼子的乌贼

捕捞于玄界滩及呼子的乌贼的统称。秋季的剑先乌贼尤为有名。

④ 长崎县　壹岐剑（剑先乌贼）

用垂钓法捕获于长崎县壹岐市，体长约在22厘米以上的大型剑先乌贼，由于品质管理严格，新鲜度也很高。

⑥ 将拇指伸进身体和鳍之间，向两侧用力拉开。

⑦ 将手伸进身体内部，把里面残存的骨头连同周围包裹的表皮黏膜一起拽出来。

⑧ 从步骤1中的刀口处入刀，将整个身体纵切成两半。

⑨ 准备沸水与冰水，将切好的乌贼放入沸水中焯几秒，然后立刻捞出浸入冰水中。

⑩ 捞出乌贼，用白色棉布擦拭，去除残留的薄膜，处理就完成了。

Recipe

／ 001

盐辛乌贼

▽ ▽ ▽ ▽ ▽ ▽ ▽

【工 具】
• 方平底盘　• 竹浅筐

【食 材】
• 枪乌贼…2杯　• 盐（用于腌渍肝脏）…2大匙
• 盐…1½—2大匙　• 酒…1大匙

【步 骤】
① 一手按住乌贼的身体，另一手抓住其腕足部，将内脏向外搜出，将肝脏从腕足的根部切下来，用手小心地去除墨囊及污物，而后马上用盐水（单备盐水，不占食材中盐的用量）清洗一下。

② 将肝脏平铺在方平底盘中，在上面撒上一些盐，用保鲜膜包裹起来，放入冰箱冷藏6—8个小时。

③ 取步骤①中处理出来的乌贼腕足的部分，从腕足根部入刀，去除嘴部和眼珠，把腕足上较硬的吸盘用菜刀刮掉，将细细的尖端部分切掉几厘米，把手伸进其身体内部，取出软骨，再切开身体平展开。用盐水（单备盐水）清洗一下，再用厨房纸巾把表面多余的水分仔细吸干。

④ 将步骤③中处理好的乌贼身体和乌贼腕足展开平铺在竹浅筐中，洒上酒和盐，晾制2—3小时。需一次性晾干，随着水分减失，味道会更加浓郁。

⑤ 将晾好的乌贼身体切成2—3毫米的细丝，乌贼腕足也切成差不多的样子。

⑥ 将步骤②中冷藏好的肝脏用清水冲洗一下，再将表面多余的水分仔细吸干，从肝脏的薄膜处入刀，取内部肝肉碾压成肝泥，放入碗中，再加入盐、酒调味，放入步骤⑤中处理好的细丝，搅拌至肝泥分布均匀即可。也可根据个人喜好放入柚子皮丝一起拌。

Column
▽ ▽ ▽ ▽ ▽ ▽ ▽

视情况挑战丰富多样的做法

盐辛乌贼的做法，可分为"赤造法（带皮做）""白造法（去皮做）"和"黑造法（用墨鱼做）"3种，这里介绍的菜谱应用的是"赤造法"。根据个人喜好及乌贼的种类，分别尝试使用不同的做法，也会很有乐趣。

┌─────────────┐
　制 作 时 的 要 点
└─────────────┘

去除内脏

用盐腌渍肝脏

刮除吸盘

撒盐、风干

①用拇指和食指牢牢抓住乌贼腕足的根部，小心地搜出内脏。②在肝脏的上表面均匀地撒上一层盐，用盐进行腌渍。③用菜刀把吸盘刮除掉，口感会更好。④撒上盐后进行一次性风干，随着水分散失，味道会更加浓郁。

收拾处理

焯

剥去薄膜

❶用指甲一边拉拽一边小心地剥下墨鱼外皮。❷焯好后一定要马上浸入冰水中，否则就会焯过头。❸先用白色棉布吸掉表面水分再剥，薄膜会更易去除。

Column

墨鱼腕足的处理方法

墨鱼腕足上的吸盘里积存着很多污垢，需要用盐仔细揉搓去除。揉搓到水呈起泡的奶油状即可，彻底清洗后墨鱼腕足就会变得干净光滑了。请一定记住这个处理小技巧。

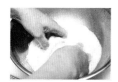

▽ ▽ ▽ ▽ ▽ ▽ ▽ ▽

【工具】
· 白色棉布
· 碗

【食材】
· 墨鱼…1杯
· 酱油…适量
· 海胆…适量
· 芥末…适量

【步骤】

❶ 首先将墨鱼的身体与腕足分开，去除内脏，将身体部分剥去外皮，简单处理一下，备用。
❷ 准备沸水与冰水，将墨鱼身体部分放入沸水中焯几秒，然后立刻捞出浸入冰水中镇凉。
❸ 剥掉墨鱼身体上的薄膜，再切成细面条粗细的长条。
❹ 将墨鱼与海胆以3：2的比例混合，一点点地加入酱油，同时搅拌均匀。
❺ 将拌好的墨鱼与海胆摆放在上桌的容器中，放上研磨好的芥末，即成。

墨鱼拌海胆

Recipe

/ 002

一夜乌贼干

Recipe

003

【工具】
- 厨用剪刀
- 晾晒网
- 碗

【食材】
- 乌贼…2杯
- 盐…1小匙
- 水…200毫升

【步骤】
① 首先将乌贼处理一下，用厨用剪刀将腕足根处到身体之间的部分剪开。
② 去除嘴和眼睛。
③ 去除软骨和内脏。
④ 去除腕足上的吸盘，将整只乌贼用水清洗。
⑤ 将盐放入水中制成盐水。
⑥ 将乌贼放入碗中的盐水中浸泡30分钟左右。
⑦ 用厨房纸巾把乌贼表面多余的水分吸干，再将其外皮冲上平铺于晾晒网上，风干半天左右。

制作时的要点

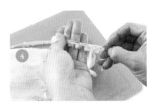

去除吸盘

腌渍

风干

④一手用手指牢牢夹住乌贼腕足，另一只手把吸盘抠下来。⑥腌渍时，比起方平底盘，使用碗为佳。⑦风干时乌贼的身体和腕足都要充分平展开，乌贼腕足不要叠放。

另一道利用一夜乌贼干做成的佳肴

中式黄瓜拌一夜乌贼干

【食材】
- 一夜乌贼干…1杯
- 黄瓜…1根

Ⓐ
- 酱油…1⅓大匙
- 蚝油…1小匙
- 糖…½小匙
- 蒜…少许
- 芝麻油…1大匙
- 炒熟的芝麻…2小匙

【步骤】
① 将一夜乌贼干烤一下，切成约8毫米宽的条。
② 黄瓜纵剖一刀，再斜切成约2毫米厚的薄片。
③ 将A中所述调料混合起来，搅拌一下。
④ 将③中的成品均倒入碗中，搅拌均匀即可。

在浓缩大海之精华的呼子见识到了真正的乌贼精髓

位于日本九州西北部的玄界滩，是世界上为数不多的著名渔场之一。而"呼子"这座面向富饶大海的小小渔港，更是日本首屈一指的乌贼产地。呼子作为乌贼生鱼片的发祥地而被人们所熟知。其以剑先乌贼为代表，出产多种质量上乘的乌贼。这些乌贼经过玄界滩大风大浪的洗礼，肉质紧实、口感弹牙，由内而外渗出的鲜味也堪称绝妙。作为刺身生吃或制成一夜乌贼干的美味自不必说，还可以和明太子一起做成凉拌菜，或是将一夜乌贼干炸成天妇罗。乌贼使呼子町民家的日常餐桌变得丰富多彩。此外，呼子的早市也是日本三大早市之一。约200米长的市场通道上排列着几十家露天店铺，店前摆着一夜乌贼干和自家做的盐辛乌贼等，连同卖家们气势如虹的叫卖声，共同构成了当地一幅生动的图景。

为了吸引乌贼的聚集，当地的渔民们需要在渔船上点起"集鱼灯"，这种集鱼灯也被誉为呼子渔港的象征。入夜后，只见海上漂浮着点点渔火，铺展开一幅神秘的画卷。搬运时，渔民们会把宝贵的乌贼小心翼翼地倒进清洗用的大筐中，以防弄伤弄破。为保证乌贼的新鲜，搬运过程非常迅速。在晴好的天气里晾晒乌贼干时，有的店铺还会使用叫做"乌贼旋转器"的特殊装置，利用旋转产生的离心力甩出乌贼身上的水分。

呼子的乌贼

说到佐贺县北部，与玄界滩遥相呼应的呼子，那就不得不提先乌贼了。虽然当地也有长枪乌贼的叫法，但这和著名的"长枪乌贼"不是一回事。

只有原产地才有的自制美食

以醪糟腌渍使乌贼的味道更加醇厚甘香

在乌贼大量捕获的时节，人们经常会将其制作成的保存食品便是"醪糟腌乌贼"。制作方法非常简单，只需将乌贼放入醪糟中浸泡1晚即可。这样，醪糟的浓香美味便会充分渗入乌贼肉中，使其甘香倍增，是一款很不错的下饭小菜。

Carangidae／鲹鱼 【时令：5—8月】

鲹 鱼

**紧凑的身形浓缩美味
怎么做都好吃的"大众之鱼"**

鲹鱼有"大众化鱼类之王"的美称。日本自古以来便将其作为食用鱼类贩卖。通过固定渔网捕捞及垂钓等方法，日本全国几乎一年到头都能捕捞到大量的鲹

美味又便宜的"大众化鱼类之王"

Check!

挑选时的要点

1. 眼睛清澈透明。
2. 肚子圆润饱满，高高隆起。
3. 鳍和鳃挺实，舒展。
4. 位于鱼身侧面中线处，从腹部至尾部的一排锯齿状鳞片整齐而清晰。

竹荚鱼

Trachurus japonicus

大家所说的"鲹鱼"，通常是指竹荚鱼，作为太平洋西北部的固有品种，从日本北海道一直到中国南海海域都有分布。日本海与中国东海海域中数量尤其多。

在家处理鲹鱼的方法（以"竹荚鱼"为例）

去鳞，从胸鳍到背鳍切一刀，将鱼头斩掉。

把刀捅进肚子里，沿着腹鳍的方向把肚子剖开，不要全部剖开，切到肛门附近即可。

用刀尖挑出内脏，然后用刀剔除血合肉（译者注：鱼背部红黑色的肉），再用流水把鱼冲洗干净。

刀尖贴着脊骨，顺着从尾鳍到头的方向，把鱼背切开。

把鱼翻个面，肚子一侧也同样把刀捅进去贴着脊骨切开鱼背。

鱼，又以鸟取县和长崎县捕捞量最大。虽然在捕捞量大的时候1条卖不到100日元，但关鲹等有名的品牌，1条卖到1,000日元以上的高价也不足为奇。

由于擅长游动，鲹鱼的身形很紧凑，脂肪含量较低、肉质紧实而美味。市面上出售的鲹鱼多为竹荚鱼，但其实马氏圆鲹鱼及黄带拟鲹等品种也很适合食用。

有这样一种说法：鲹鱼是因为味道的鲜美而被命名为"鲹"的（译者注：在日语中，"鲹"和"味"两字同音），足见这种鱼的美味程度。鲹鱼的吃法也很丰富多样，刺身、油炸、拍松等，都是平时常用的做法。在家制作时可以简单地做成鲹鱼干，这种方法浓缩了鱼肉的美味，是最能彰显鲹鱼魅力的做法，一定要尝试一下。

鲹鱼的主要种类

黄带拟鲹

Pseudocaranx dentex

栖息于岩手县南部以南温暖的沿岸地带。比竹荚鱼体长，个头大，常用作刺身和寿司的主料。

珍鲹

Caranx ignobilis

在西太平洋（包括南日本海域）等海域有广泛分布，多为重量超过20千克的巨型鱼，作为潜水观赏鱼与垂钓对象很受欢迎，但食用量较少。

蓝圆鲹

Decapterus maruadsi

主要在关西地区大量捕捞，外形与竹荚鱼相似，但颜色更偏青绿，因此也称"青鲹"。由于捕捞量大，价格比竹荚鱼更为便宜。

马氏圆鲹鱼

Decapterus muroadsi

栖息于面向外部海域的沿岸等地，比竹荚鱼血合肉更多，脂肪含量较低，香味较淡，因而多被加工成鱼干。

有代表性的产地及品牌

① **千叶县内房**
黄金鲹

受到黑潮（日本暖流）大浪的洗礼，身形紧凑，富含脂肪，是垂钓者梦寐以求的美味。

② **岛根县浜田**
咚奇奇鲹

脂肪含量较高，时令的鲹鱼可超过10%（普通鲹鱼约为6.9%），味道可媲美金枪鱼。

③ **爱媛县三崎 岬鲹**

在丰予海峡的大浪中接受洗礼，通过垂钓捕获，身形紧凑，非常新鲜。

④ **大分县佐贺关 关鲹**

栖息于海流湍急，食物丰富的丰后水道，通过垂钓捕获。以弹牙的口感为一大特色。

❻

将仍连接着的尾部用刀切开，即完成这一侧鱼身的处理。

❼

另一侧鱼身也进行同样的处理。从鱼背处入刀，贴着脊骨切开。

❽

肚子一侧的处理步骤也相同，要看准脊骨的位置，分多次入刀。

❾

再将连接着的尾部切开，即成"三大片"的状态。

❿

鱼身上茶色的部分是腹鳍骨，所以要切掉，再用拔刺工具去除小刺。

Recipe

/ 004

腌鲹鱼干

▽ ▽ ▽ ▽ ▽ ▽ ▽

【工具】

· 碗
· 晾晒网
· 竹浅筐

【食材】

· 鲹鱼…4条
· 水…5杯
· 盐…2大匙
· 盐酒…盐1大匙+酒2大匙

【步骤】

① 把鲹鱼鱼背冲自己放在案板上，从头部往下一点的位置入刀，一直切到脊骨。

② 把刀放倒，平着入刀，先贴着脊骨浅切，再往里深切。

③ 把鳃盖里面的部分抠出，将内脏去除干净，然后用流水仔细冲洗。如果内脏没有清除干净，做出的鱼干会带有特殊的腥气，所以处理一定要细致、充分。

④ 将水和盐放入碗中并充分搅拌，再放入②中处理好的鲹鱼，浸泡30分钟左右。记住，这里调制的盐水浓度要与海水相近（盐度约为3%）。

⑤ 将④中泡好的鲹鱼从盐水中捞出，用厨房纸巾将表面的水分仔细擦拭干净，然后平铺于竹浅筐中，洒上调制好的盐酒。

⑥ 将鲹鱼平铺于晾晒网上，在太阳下晒干1天左右。如果想保留部分生鲜的味道，可风干1天。如果喜欢传统鱼干那种充分干燥、口感硬脆的感觉，则可风干2天。

Column

▽ ▽ ▽ ▽ ▽ ▽ ▽

把鱼干做得更美味的小窍门

做鱼干时，洒上些酒和盐混合而成的"盐酒"，可使风味更佳。这里的盐推荐使用天然盐，酒用家中常备的烧酒或日本酒等就可以。在风干的时候，如果没有晾晒网，还可以用晾晒小件衣物的晾衣架代替，不过为了防虫、防鸟，不要忘记用网状的物品从上面把晾衣架罩起来。

┌─────────────────┐
│   制作时的要点   │
└─────────────────┘

去除内脏

盐水浸泡

洒盐酒

风干

③为避免残留鱼腥气，内脏一定要仔细去除干净。 ④浸泡时需注意，要让盐水完全没过鲹鱼。 ⑤使用盐酒，鱼干的味道和香气都会更佳。 ⑥如果想保留部分生鲜味道，可风干1天。如果喜欢传统鱼干那种充分干燥、口感硬脆的感觉，则可风干2天。

切

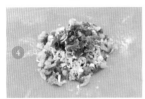

混合

拍打

❸为了便于之后的拍打，最开始先大致切成较宽的条即可。❹味噌不易与其他食材混合，一定要将其充分揉进鱼肉团中。❺用刀将食材充分混合并拍打，直至鱼肉团上劲。

Column

巧用作料提升生鱼的风味

使用大葱、生姜、青紫苏叶等作料，不仅能使味道更加丰富，还能有效去除鱼腥味，且由于生姜具有杀菌作用，用在生鱼菜肴中也是很合理的。大葱也可根据个人喜好自行添加。

Recipe

/005

味噌鲹鱼

▽ ▽ ▽ ▽ ▽ ▽ ▽

【 食 材 】
• 鲹鱼…2—3条
• 大葱（切成末）…4厘米
• 生姜（切成末）…1片
• 味噌…1—2大匙
• 青紫苏叶（切成末或根据喜好来切）…2片

【 步 骤 】
① 将鲹鱼处理成"三大片"，去除腹鳍骨和脊骨。
② 将处理成"三大片"的鲹鱼去皮，去皮的时候需要使用刀的刀背部分，一手拽住鱼皮并按在案板上，另一手用刀背缓缓地去除鱼皮。
③ 将步骤②中处理好的鱼肉切成稍宽的条。
④ 在步骤③中切好的鱼肉条上放上大葱末、生姜末、味噌、青紫苏叶末，边用刀细碎切，边使各种食材充分混合。
⑤ 不时用刀把食材相互混合并拍打，直至鱼肉团上劲且表面光滑即可。

醋腌鯵鱼

Recipe

/ 006

【工具】

• 方平底盘

【食材】

• 鯵鱼…2条
• 盐…适量
• 海带（大小要与鯵鱼差不多）…适量
• 三杯醋（译者注：将等量的醋、酱油和甜料酒混合制成的日本调味料）…适量

【步骤】

❶ 将鯵鱼处理成"三大片"。
❷ 将步骤①中处理好的鯵鱼肉两面都洒上较厚的盐，静置1小时左右。
❸ 将步骤②中腌好的鱼肉用流水冲洗一下，洗净其中的盐分，再擦净表面的水。
❹ 将海带的表面擦拭干净，在方平底盘中铺一层海带，再铺一层鯵鱼肉，上面再铺一层海带，让海带夹住鯵鱼肉。然后倒入三杯醋，使液面没过鯵鱼肉和海带，腌渍10～20分钟。
❺ 取出鯵鱼肉，将表面多余的醋轻轻吸掉，再去除其中的腹鳍骨、脊骨和鱼皮即可。

制作时的要点

撒盐

腌渍

去皮

❷盐要撒得厚实一些，以充分析出鯵鱼肉中多余的水分。❹腌渍时三杯醋的量要足，液面要完全没过鯵鱼肉和海带。❺一手拽住鱼皮，另一手用刀背去除鱼皮。

另一道利用鯵鱼干做成的佳肴

鯵鱼橙醋饭团

▽ ▽ ▽ ▽ ▽ ▽ ▽

【食材】

• 米饭…1小碗
• 鯵鱼干…适量
• 橙醋…适量
• 小葱（切成细末）…少许

【步骤】

❶ 将鯵鱼干烤一下，掰成较细碎的鱼肉末。小葱切成细末。
❷ 将米饭和鯵鱼肉末、小葱末充分混合，加入适量橙醋调味，用保鲜膜包起来紧握成饭团即可。

日本鱼类品牌的始祖——关鲹

海边的渔场从一大早便有多艘渔船并排停靠。每条船上，仅船头站有一人。捕鱼的方式是颇具男子气概的垂钓法。关鲹被技巧熟练的渔民们从湍急的海潮中钓起后，还要在鱼池中放养一天左右，使其得到充分的放松，然后才能捞出进行售卖。为保持品牌的尊严，渔民们一直恪守着这样的规矩。

根据媒体的报道，关鲹成为人们通常所说的品牌鱼，大约是在1986年时。关鲹栖息的丰予海峡，是黑潮与来自濑户内海的洋流交汇的地方，离港时还是很弱的洋流，冲出海域后便形成急流，最终波涛汹涌地奔向渔场。由于洋流速度很快，这片海域也有"速吸之濑户"的别称。由于该地区地形起伏不断，急流颇多，食物资源丰富，因此在这样的洋流中经受过洗礼的关鲹，其肉质的紧实程度比其他鲹鱼明显高出了一个等级。出于环境的优势，这里的关鲹并不进行大的洄游，而是终生都栖息在佐贺关海域，也被人们称做"濑付（终生依附在濑户内海）"。这便是关鲹美味的秘密。

关鲹

鲹鱼

栖息于濑户内海与太平洋的洋流交汇处，在急流中繁衍生息，尾部大而魁伟，由于运动量大，肉质很紧实。

只有原产地才有的自制美食

为最大限度利用原产地卓越的新鲜食材一定要做成漂亮的刺身食用

在佐贺关渔港的全面协助下，现已建成"关之渔场"餐厅，将渔场捕捞的当地水产直接做成桌上佳肴。烹制成美味佳肴的关鲹及鲭鱼等都是一大早就直接从渔协运来的，新鲜度绝对有保证。

【联系方式】大分市大字佐贺关2016-4

☎：097-575-0351

Check!

挑选时的要点

① 鱼皮上的皮孔呈金黄色。

② 眼睛清澈透明的更为新鲜。

③ 要选择鳃部呈火红色的。

④ 腹部如果有毛刺，说明非常新鲜。

**在日本谚语中经常出现的鲭鱼
是讲述日本食文化
不可或缺的经典品种**

　　鱼身呈青色且闪闪发光，漂亮的鲭鱼是日本食文化重要的组成部分。关于其名称的由来有多种说法，比如由于经常聚集成群而由"多"这个词演变而来（译者注：鲭鱼的日文发音与"多"字的日语古音"sawa"相近），以及由于长着整齐排列的细小牙齿而以"狭齿（saba）"来命名等。

能够享用多种吃法
"秋天味道"的一大代表

Scomber／鲭鱼 【时令：10—12月】

鲭 鱼

日本鲭

Scomber japonicus

最受欢迎的一种鲭鱼，可做成烤鱼、干烧鱼及鱼罐头等，做法非常多样。新鲜的日本鲭也可做成刺身生吃，但由于很快就会腐烂变质，一定要尽快食用。

在家处理鲭鱼的方法（以"日本鲭"为例）

①	②	③	④	⑤
首先从胸鳍的根部、腹鳍旁边入刀，将鱼头斩掉。	沿着从肛门到头部的方向把肚子剖开，用刀把肚子里的内脏去除。	用刀刮掉血合肉，再用流动水把鱼仔细冲洗干净。	顺着脊骨的方向，分多次入刀，把鱼背切开，深度要一直切到脊骨为止。	肚子的一侧也同样，分多次入刀切开，深度要一直切到脊骨为止。

在日本绳文时代遗迹中，鲭鱼的鱼骨就有所发掘。由此可以窥知日本人自古便开始食用鲭鱼。此外，日语中还有很多带有鲭鱼的谚语，比如"读鲭鱼（译者注：比喻为了自身的利益而谎报数量）"，"别给新娘子吃秋天的鲭鱼（译者注：暗指婆婆欺负儿媳妇）"等等。由此可见鲭鱼应该是古时庶民常年食用的鱼类。

日本近海有所分布的鲭鱼种类主要有日本鲭和澳洲鲭，但捕捞上来的以日本鲭居多。日本人所说的"鲭鱼"，通常就是指日本鲭，这种鱼在日本全国范围内均可捕捞。由于鲭鱼会很快失去其新鲜度，能够生吃的地域很有限。不过也正因如此，随着保存方法愈发先进，衍生出了能长期保存的鲭鱼饭团、柿子叶寿司等特殊吃法，也成为了鲭鱼美食的一大特色。

鲭鱼的主要种类

澳洲鲭

Scomber australasicus

澳洲鲭喜高温，分布于太平洋的暖流海域，其味道几乎终年保持不变，不过由于味道稍逊于日本鲭，多被用于制作成加工食品。

双线鲅

Grammatorcynus bilineatus

一种主要捕捞于冲绳等南部海域的鲭鱼，体长可达70厘米左右。由于总量本身就较少，贩卖量也很有限。

蓝点马鲛

Scomberomorus niphonius

栖息于日本海南部等地。由于春季产卵时会游至沿岸地带，也被称为"报春的鱼"。做法也很丰富多样，如烤鱼和"京西烧"等。

有代表性的产地及品牌

① **神奈川县三浦半岛** **松轮鲭鱼**

富含脂肪，香味浓厚，有"松轮之黄金鲭鱼"之美称，为鲭鱼中的顶级品种。

② **青森县八户** **八户前冲鲭鱼**

八户前冲较低的水温，能够孕育出脂肪含量较高的鲭鱼，被评价为"日本脂肪第一鲭鱼"。

③ **长崎县 旬鲭鱼**

鱼身的红色较为浅淡，肉质有弹性的寒鲭鱼（译者注：冬季的时令鲭鱼），以肉质紧实、香味醇厚为亮点。

④ **大分县佐贺关** **关鲭鱼**

栖息于海流湍急的丰后水道，身形紧凑而脂肪含量丰富；是在当地都难以吃到的高级品种。

将尾部连接处切开，一手将上面的鱼肉稍稍抬起，另一手顺着脊骨的方向，贴着脊骨入刀，把鱼身片下来。

取下那半片鱼身后，另一侧也同样贴着脊骨入刀，切开。

鱼背一侧的处理步骤也相同。将刀掏进鱼背后，一手将上面的鱼肉稍稍抬起，另一手沿着鱼骨切开。

这样便处理成了"三大片"的状态。此时不要忘记去除残留的鱼骨。

腹鳍骨的部分需要把刀掏进去剔除。根据烹饪方法的需要，鱼皮也可以剥掉。

制作时的要点

腌渍

擦拭

风干

❷将鲭鱼肉放入方平底盘中，腌渍的过程中要不时翻动，使鱼肉完全腌透。❸将腌好的鱼肉夹在厨房纸巾里，将表面的液体仔细擦拭干净，风干时务必使鱼皮的一面朝下放置。

▽ ▽ ▽ ▽ ▽ ▽ ▽ ▽

【工具】
- 方平底盘
- 晾晒网

【食材】
- 鲭鱼…1条
  - A
    - 酱油…60毫升
    - 日式甜料酒…60毫升
    - 干炒芝麻…1小匙

【步骤】
① 将鲭鱼处理成"三大片"。
② 将A中所述食材混合起来，再将步骤①中处理好的鲭鱼肉放入其中，浸泡6小时左右。
③ 将步骤②中腌好的鱼料捞出，用厨房纸巾擦净表面的液体。在鱼肉上撒一层干炒芝麻，使鱼皮的一面朝下，平铺在晾晒网上，风干半天左右。

Column
▽ ▽ ▽ ▽ ▽ ▽ ▽ ▽

日式甜料酒腌鱼干

对于不喜欢鱼腥气的人，在此推荐这款略带甘香味的"日式甜料酒腌鱼干"，晾晒鱼干时，要点在于一定要将带有鱼皮的一面朝下放置，由于鱼肉中的精华会从上至下浓缩起来，使鱼皮朝下，可以起到如"防波堤"般的作用，牢牢锁住其中的精华美味，进行烤制的时候要注意，鱼干较其他干货更易烤糊，所以最好以文火慢慢烤制，不仅可以使用鱼类专用的烤网或烧烤架，还可选用平底锅，用平底锅的好处在于不易烤糊，更能避免烤制失败。

另一道利用日式甜料酒腌鲭鱼干做成的佳肴

散寿司

▽ ▽ ▽ ▽ ▽ ▽ ▽ ▽

【食材】
- 米饭…2合（1合约为150克）
- 混合调制醋（醋…3大匙，白糖…1大匙，盐…½小匙）
- 日式甜料酒腌鲭鱼干…约½条
- 胡萝卜…½根
- 莲藕…100克
- A
  - 酱油…1½大匙
  - 日式甜料酒…1大匙
  - 酒…1大匙
- 鸡蛋…1个
- 荷兰豆…8根
- 红姜…少许

【步骤】
① 将米煮成稍硬的米饭。
② 将调制"混合调制醋"所需的食材充分混合，放入微波炉中加热30秒左右，使白糖完全融化。
③ 将步骤①与步骤②中的成品混合起来搅拌均匀，做成"寿司饭"。
④ 将日式甜料酒腌鲭鱼干烤一下，然后撕成较大的肉块。
⑤ 胡萝卜切成约2毫米宽的细丝，莲藕切成约2毫米厚的半圆形藕片。将A中所述食材倒入锅中煮沸，加入胡萝卜丝和藕片，烧煮至收汁。
⑥ 将鸡蛋摊成薄薄的蛋皮，再切成细丝，荷兰豆斜切成细丝。
⑦ 将步骤④与步骤⑤中的成品放入"寿司饭"中，混合均匀后盛盘，放上蛋皮丝、荷兰豆丝和红姜作为点缀即可。

Octopus／章鱼
【时令：6—8月、11月—次年3月】

章 鱼

挺实弹牙的口感和
鲜香四溢的精华美味
是如此特别

Check!

挑选时的要点

① 要选身体颜色呈焦茶
色的。

② 粗壮挺实的为佳。

③ 检查一下吸盘，不要
有污物。

④ 身体有弹性的更为
新鲜。

**全世界就数日本人最爱吃的章鱼
也是营养丰富的高品质食材**

世界上食用章鱼的国家包括东亚
诸国及地中海沿岸诸国等，而世界第
一章鱼消费大国还是日本。日本的章

普通章鱼

Octopus vulgaris

全球各地海域的岩礁地
带及沙地中均有分布。
在日本近海，主要栖息于
宫城县、新潟县以南的
温暖海域，味道甚佳，也
可生吃。

在家处理章鱼的方法（以"普通章鱼"为例）

① 将章鱼的身体翻过来，底部朝上。把位于腕足根部较硬的"嘴"用手揪掉。

② 将身体内部翻出来，将连接身体和腕足部的筋（有多条）用手指弄断。

③ 将发白的章鱼卵从身体里拽出，注意拽的时候不要弄破这一部分，动作要轻缓。

④ 内脏呈一团，所以只需从根部下刀切下来即可。

⑤ 从眼睛的根部下刀，取出眼珠，注意取的时候不要把眼珠弄破。

鱼消费量约占全球消费总量的60%，日本人对章鱼的热爱由此也可见一斑。

章鱼的蛋白含量较高，富含锌、牛磺酸等通常不易摄取的营养成分，且脂肪含量和热量都较低。

日本人食用的章鱼以普通章鱼为主，还有"明石章鱼"等知名品牌。章鱼有着比较大众化的味道，以及丰满而富有弹性的口感，食用方法丰富多样，既可做成刺身或寿司生

吃，也可制成熏制章鱼等加工食品。

分布于寒冷地区的北太平洋巨型章鱼是世界上体型最大的章鱼，据说体重最大的可达40千克。这种章鱼也被人们食用，不过由于含有很多水分，主要被制成加工食品售卖，如熬炼成章鱼膏，或制成关东煮、章鱼烧等。如果要保存起来慢慢吃，还可以做成章鱼干。在濑户等章鱼的名产地，在太阳下晾晒章鱼干也是一道奇特的风景。

章鱼的主要种类

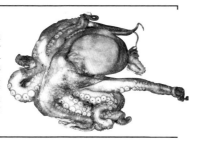

北太平洋巨型章鱼
Paroctopus dofleini
广泛分布于日本东北地区及北海海域，是世界上体型最大的章鱼，有评价称其味道稍逊于普通章鱼，主要制成加工食品广泛售卖。

长蛸
Octpus minor
栖息于从日本海岸到朝鲜半岛间的广泛海域，形如其名，特征是有两只脚非常长，也适合做成"一夜乌贼干"等加工类美食。比起日本，韩国食用得更多，常用于制做凉拌菜或火锅。

短蛸
Octpus ocellatus
广泛分布于日本海域的浅滩中，体长约30厘米的小型章鱼，除做成干烧章鱼等食用，其鱼子的美味也广为人知。

有代表性的产地及品牌

① **北海道鹿部　北海章鱼**
仅在北国可以捕获到的北太平洋巨型章鱼，质地异常柔软，较之普通章鱼，体型更大，味道更香。

② **爱媛县芸予诸岛　生口岛章鱼**
闻名日本全国的章鱼产地，尤其是在生口岛周边区域捕获的普通章鱼，身形紧凑，异常美味。

③ **兵库县濑户内　明石天然章鱼**
据说是"能够站立起来走"的章鱼，肉质筋道，弹牙爽口，吃在嘴里越嚼越香。

④ **广岛县三原　三原的章鱼**
栖息于水温恒定，水质纯净的三原海域，这里拥有着适合章鱼生长的上佳条件。

❻ 取1只盆，放入适量盐，准备1个网状的袋子，把章鱼装进去，连同袋子一起在盐中揉洗。

❼ 仔细揉搓，以去除章鱼表面黏滑的液体，直至盆中的液体呈起泡的奶油状为止。

❽ 从袋子中取出章鱼，在流水下轻柔地冲洗，把表面的盐分冲掉。

❾ 切掉头部，而后把腕足一条条地切分开，如果要做成刺身，还需把外膜剥掉。

❿ 如果要煮着吃，还需用研磨棒等工具进行捶打，以使质地更加柔软。

Recipe

/008 芥末章鱼

▽ ▽ ▽ ▽ ▽ ▽ ▽

【工 具】
- 碗
- 方平底盘

【食 材】
- 短蛸…2杯（1杯约为130克）
- 盐…5—6小撮
- 酒…2—3小匙
- 擦碎的芥末…1小匙（可根据喜好调整辣度）
- 芥末的茎（用甜醋腌渍好）…6克

【步 骤】
① 将短蛸的头部切下来，注意保持头部的完整。
② 将嘴的部分用手从身体内部推出，用刀切掉。
③ 挖掉眼睛，取出内脏。
④ 给头部和腕足撒上盐，仔细揉搓，以去除表面黏滑的液体。腕足要一条一条地分别揉搓。
⑤ 在流水下冲洗掉表面的盐和黏液，需仔细清洗，直至表面发涩为止。
⑥ 把腕足一条条地切分开。
⑦ 把初步处理好的短蛸表面的水完全擦拭干净，再切掉腕足上的吸盘。
⑧ 将④中处理好的短蛸切成长1厘米左右的小段，在表面均匀地抹满一层盐。
⑨ 将⑧中的成品放入碗中，芥末的茎切成碎末，将芥末茎末、酒及擦碎的芥末放入碗中，将食材混合，搅拌均匀。

Column
▽ ▽ ▽ ▽ ▽ ▽

**生吃章鱼
要选肉质柔软的**

短蛸是小型章鱼，在家处理也很简便。味道最佳的时期是1—3月，此时的短蛸香味浓郁，口感既富有弹性又柔滑黏软，堪称章鱼中的绝品。

用盐揉搓

擦 拭

混 合

④ 在头部和腕足的表面撒满盐，用手揉搓，仔细去除黏滑的液体。腕足要一条一条地分别处理。⑦ 用厨房纸巾将表面的水完全擦拭干净，以免拌出的菜湿漉漉的。⑨ 混合后充分搅拌，使不易溶解的芥末分布均匀。

另一道利用芥末章鱼做成的佳肴

芥末章鱼沙拉配梅肉酱

▽ ▽ ▽ ▽ ▽ ▽ ▽

【食 材】
- 芥末章鱼…80克
- 话梅肉…适量
- 腐竹（干燥的）…2片
- 日式甜料酒…2小匙
- 水菜（约5厘米）…4根
- 青紫苏叶（切成细丝）…2片

【步 骤】
① 将腐竹浸在热水中泡发，捞出擦净表面的水，切成细丝。
② 将水菜在沸水中焯一下，捞出后用干表面多余的水分。
③ 话梅去核，用刀切成碎末，再与日式甜料酒充分混合，做成梅肉酱。
④ 将水菜、腐竹、芥末章鱼放入上桌的容器中，淋上梅肉酱，再点缀以水菜丝即可。

Sparidae／鲷鱼
【时令：11月—次年2月】

鲷 鱼

说到"可喜可贺"的鱼便是指"鲷鱼"
不论卖相和味道都是庆祝宴席上
不可或缺的"鱼类之王"

鲷鱼的鱼身呈樱花般的淡红色，是庆祝宴席上经常出现的高级鱼类。尤其值得一提的是，鲷鱼还与日本的神道文化密切相关，自古便经常用于婚丧嫁娶、祭先拜祖等场合。

Check!

挑选时的要点

1 眼部的颜色要鲜亮。

2 尾鳍的边缘处颜色发黑。

3 鱼身整体颜色鲜艳，不发暗。

4 鱼身表面有黏液。

真鲷

Pagrus major

在日本各地均有分布，日本人自古便开始食用的高级鱼类。说起"鲷鱼"的话通常指的就是这种鱼，在日本也常被视为吉祥物。

白肉鱼中的代表
清淡中却蕴含着深层的鲜味
是值得细品的一大美味

在家处理鲷鱼的方法（以"真鲷"为例）

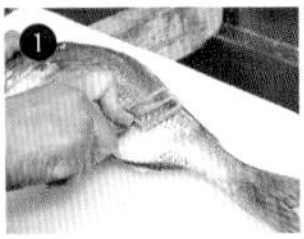

由于真鲷的鳞很硬，不要用菜刀刮，而要用刮鳞器去除。

为了切掉头部，先从胸鳍根部附近斜着入刀切一下。

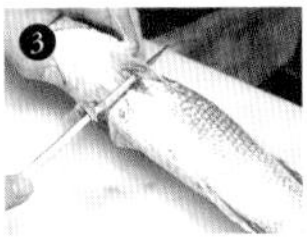

再从另一侧的胸鳍附近入刀切一下，"脖子"的部分也入刀切一下。

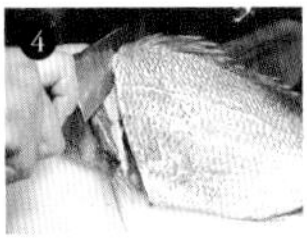

把鱼"立"起来，从头的上部入刀，用力将头部斩下。这个部分非常坚硬，处理时务必小心。

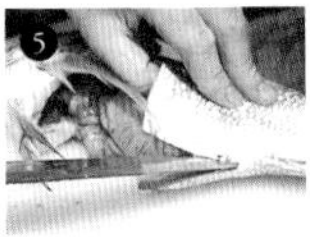

用刀把肚子剖开，切到腹鳍附近即止，把里面的内脏取出。

名为"鲷"的这种鱼，包含鲈鱼科在内共计200多个品种，但其中真正属于"本家"的鲷科鱼类仅有约20种，身体呈淡红色的品种就更少了。

真鲷在鲷鱼中尤其美味，外观也很美丽，故有"鱼类之王"的美称。其白肉的部分清淡而鲜味浓厚，不仅可做刺身，还能做成盐烧鱼、炖鱼或鱼蒸饭等，不论怎样烹制都很美味。

总的来说，天然的鲷鱼价格都比较昂贵，但紧凑的身形和弹性十足的口感真的很棒。鲷鱼也有一些著名的品牌，例如鸣门的鲷鱼，捕捞于因漩涡而闻名的鸣门。

如今，养殖的鲷鱼在市面上也已越来越普遍，不论四季都能买到价格适中的鲷鱼。如果多加一些步骤做成鲷鱼海带卷，更是香气四溢、美味倍增。

鲷鱼的主要种类

黑鲷
Acanthopagrus schlegelii

广泛分布于日本海域，还有"Chinu"等叫法，味道稍逊于真鲷，但在西式菜肴中比较常用。也是海滨垂钓的对象。

黄鲷
Dentex tumifrons

本州中部以南海域等地有所分布的小型鲷鱼，价格比真鲷便宜，肉质柔软。捕捞于海里的黄鲷限于其新鲜度，多被做成盐烧鱼等。

日本真鲷
Evynnis japonica

在日本海域中广有分布，外观和味道都与真鲷相似，近年来因为法律变动而被区别对待了，以前曾被当做真鲷来售卖。

有代表性的产地及品牌

① **静冈县伊豆**
稻取金目鲷
金目鲷生长在拥有海底火山遗迹及大陆架等地形的伊豆海域，脂肪含量很高，以绝妙的香味及厚口感为一大特色。

② **爱媛县 爱鲷**
宇和海渔场的地形属于适宜鱼类养殖的沉降海岸，且有黑潮涌入，这里生长着的爱鲷是至高品质的真鲷。当地还使用自主配比的特殊饲料进行养殖。

③ **爱媛县由良 由良鲷**
由于由良海域拥有特殊的深海沟地形，海流非常湍急，由良鲷具有肉质紧实的口感，常用于制做火锅及盐釜烧等。

④ **德岛县鸣门市 鸣门鲷**
在鸣门海域的旋流中生长的鲷鱼，身形非常紧凑，味道也很不错，尤其是初春时节的鸣门鲷味道更佳，被称为"樱鲷"。

用刀掏进肚子里，将血合肉挖出，而后在流水下仔细冲洗鱼身。

在肚子的一侧，沿着从头至尾的方向入刀，贴着脊骨切开。

鱼背一侧也同样入刀，用刀将脊骨与鱼身切分开来。

将鱼身一侧的腹鳍骨部分用刀掏进去刮掉。

另一侧鱼身也进行同样的处理，即成"三大片"的状态。

Recipe

009 鲷鱼海带卷

[**工具**]

- 碗
- 方平底盘
- 保鲜膜

[**食材**]

- 鲷鱼…1条（约40克）
- 盐…少许
- A
  - 水…⅓杯
  - 醋…⅓杯
  - 白糖…½杯
  - 盐…½小匙
  - 海带（较宽的）…30厘米 2片

[**步骤**]

1. 将海带用厨房纸巾擦一遍，擦掉表面的污垢。
2. 将A中所述食材混合，倒入方平底盘中，再将步骤1中处理好的海带放入其中泡发。
3. 将鲷鱼处理成"三大片"，将背部和腹部切分开。
4. 切成约5毫米厚的片。
5. 将步骤4中切好的鱼肉片一片片平铺开，用手从距离鱼片约30厘米高的地方均匀地撒满盐，充分腌渍。
6. 取两片30厘米长的保鲜膜，叠放在一起，把步骤2中的一片海带放在中间（将水完全沥干），将步骤5中的鱼肉码放在海带上。
7. 将另一片海带盖在步骤6中铺好的海带和鱼肉片上。
8. 将两片保鲜膜分别上下左右折叠起来，使其紧紧包裹住海带。
9. 放到在冰箱内静置冷藏约2小时即可。

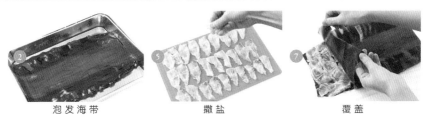

泡发海带　　　　　　**撒盐**　　　　　　**覆盖**

❷将水、醋及其他调料充分混合，把海带放入浸泡，至海带的质地恢复柔软，方平底盘中液体刚刚没过海带即可。❺将切好的鱼肉片平铺排列在案板上，从距离案板约30厘米高的地方撒盐，使鱼肉片上面均匀地沾满盐。❼在一片海带上一片片地铺满鱼肉片，再把另一片海带整个盖在上面，用较大片的海带，一次可以做很多，十分方便。

另一道利用鲷鱼海带卷做成的佳肴

鲷鱼菜丝卷

▽ ▽ ▽ ▽ ▽ ▽ ▽

【食材】

- 鲷鱼海带卷…12片
- 胡萝卜…20克
- 细香葱…15克
- 芹菜…15厘米
- 柚子皮…少许
- 酱油…适量
- 芥末…适量
- 柚子胡椒…适量

【步骤】

❶ 将胡萝卜切成细丝。芹菜去筋，切成约4厘米长的段，再切成细丝。

❷ 取适量胡萝卜丝、芹菜丝和细香葱，用鲷鱼片卷起来。

❸ 将鲷鱼卷摆放在上桌的容器中，再根据个人喜好放入一些柚子皮作为点缀即可。

Column
▽ ▽ ▽ ▽ ▽ ▽ ▽

**利用处理好的鱼肉刺身
可以更轻松地挑战这道菜！**

如果使用处理好的鱼肉刺身，就能省去把一条鱼处理成"三大片"的步骤，直接用海带夹起来就行了，非常轻松省事。由于借助了刺身食材，工序变得更简单了。用海带把鱼肉夹起来时，海带中的精华会渗入刺身中，这样一来，即使是很容易变质的生鱼肉，保存时间也会比一般的刺身更长久，放在冰箱里冷藏，可以吃上两三天。这道菜中的海带不仅可以直接吃掉，还可以用来煮制，以提取汤汁。

Shrimp／虾
【时令：11月—次年2月】

虾

日本人酷爱虾
即使是在日本国内购买的虾
也多是海外进口的

　　全世界的虾约有3,000种，而栖息在日本的约有600种。其中体型大小各异的很多种均可食用。虾在日语中的汉字写作"海老"，据说这是因为虾长着长长的触角，而且"弯

以饱满弹牙、甘香浓郁为主要特征

Check!

挑选时的要点

牡丹虾

Pandalus nipponensis

由于身体上有红色的斑点，日语名称叫做"斑点虾"。栖息于北海道到土佐湾一带的深海中，属于一种日本特产。

① 头部和背部之间连接处的薄膜紧紧地包裹在身体上。

② 头部要挺实，不要选头能摇晃的。

③ 要选整体有透明感、头部不发黑的。

④ 新鲜的虾闻起来几乎没什么不好的味道。

在家处理虾的方法（以"牡丹虾"为例）

① 一手握住虾身，另一手把虾头边向下弯折边往外拽，使头身分开。

② 虾头和虾身分离开后的状态就是这样了。去掉的虾头可以干炸或和味噌汁一起吃，也很美味。

③ 为了杀菌，准备一些与海水浓度差不多的盐水，把虾放进去浸泡并用手搅一下。

④ 从虾肚子的部分入手，用手指把虾壳剥掉，并把虾子单独取出来。

⑤ 虾尾的部分要最后再去除，轻轻捏住虾尾，轻柔地拽下来即可。

着腰"，看上去就像老人一样。由此可知，日本从很久以前就开始把虾当做一种食材了。

日本人日常食用的虾约有100种，而其总量中80%—90%都是从海外进口的。

市面上售卖的虾，最主要的品种是"斑节对虾"（通称"黑虎虾"）。这一品种由于生长速度很快，在东南亚广有养殖，并远销日本和全球其他国家。

日本国产的日本对虾以味美著称。新鲜的日本对虾可以做成刺身、天妇罗或盐烧虾等来食用。此外，樱虾等体型较小的品种，可以做成虾干等易于保存的食品，还可以用来煮制，以提取汤汁。

虾的主要种类

日本对虾
Marsupenaeus japonicus

广泛分布于北海道以南海域，自古以来便是重要的渔业资源，多捕捞于有明海退潮后露出的海滩及内海等地形环抱的区域。味道很好，被视为高级食材。

日本龙虾
Panulirus japonicus

栖息于热带海域的大型虾，一直以来都被视为高级食材。自古便被食用，至今仍在新年饰品中使用其虾壳作为点缀的习俗。

樱虾
Sergia lucens

仅可在骏河湾捕捞，会被稍加些盐煮成"清汤樱虾乌龙面"在靠近产地的鱼店出售，也被大量做成虾干售卖。

斑节对虾
Penaeus monodon

分布于西太平洋及印度洋的热带、亚热带海域，以"黑虎虾"的别称被人们所熟知。以东南亚为中心，被大量养殖与出口。

有代表性的产地及品牌

① 新潟县　南蛮虾

刚刚捕捞出水的南蛮虾身体闪烁着光辉，其粗壮的虾身和甘香的味道均是引以为傲之处。

② 富山县　新凑产甜虾

发白而通体透明的虾，有"深海宝石"之美称，丰满而富有弹性的肉质口感，以及鲜美的甘香味道，都值得品味。

③ 静冈县　由比樱虾

日本国内仅在此地才能捕捞到骏河樱虾。体型虽小，清淡的甘香味很是突出，捕捞季节为春季与秋季。

④ 三重县志摩半岛
　和具伊势虾

捕捞于和具大岛直至其南部神之岛周边分布的浅滩，是伊势虾中的顶级品，虾身自不必说，黏黏的虾酱也极为甘香。

从虾背的一侧纵向入刀，切开。然后再次入盐水中清洗。

至此就处理好了。如果是冷冻的虾，则虾子的部分就不要食用了。

处理好的虾做成海带卷也很不错。首先将海带平铺开，用刷子刷上一层醋。

将牡丹虾对半展开，整齐地码放在海带上，再在虾肉上撒少许盐。

用海带把虾肉夹起来，放入冰箱冷藏24小时，而后把海带取下来，再静置2天即可。

Recipe

/010 虾仙贝

制作时的要点

揉虾肉团

压烤虾饼

炸制

❸要使粉状食材与油充分融合在一起。如照片所示，要用指尖将粉状食材揉进油里。❻为了使虾饼薄厚均匀，使用小锅边边按压边烤为佳。❼用较低的油温慢慢炸制，炸至表面发白时即可出锅。

▽ ▽ ▽ ▽ ▽ ▽ ▽

【工具】

- 碗
- 烤盘
- 平底煎锅
- 小锅

【食材】

- 樱虾（干燥）…10克
- 盐…¼小匙
- 色拉油…2小匙
- 马铃薯淀粉…40克
- 汤汁…2½大匙
- 低筋面粉…10克
- 适合炸制的油…适量

【步骤】

① 将樱虾肉切成细碎的末。
② 将□□中处理好的虾肉末放入碗中，再加入马铃薯淀粉、低筋面粉和盐，搅拌至充分混合。
③ 在□□中处理好的食材中加入油，用手揉虾肉团。
④ 在□□中处理好的食材中加汤汁，用手轻轻地搋一搋。
⑤ 将搋好的虾肉团平均分成8份，分别搓圆。
⑥ 取表面为不锈钢质的平底煎锅，以中火加热。将搓圆的小虾肉团放在锅的正中间，盖上烤盘，用小锅等器具，边用锅底向下按压虾肉团，边烤制，两面都要烤，每面约持续20秒。
⑦ 在平底煎锅中倒入油，加热至约160℃，放入□□□□中处理好的虾饼，炸熟。

Column
▽ ▽ ▽ ▽ ▽ ▽ ▽

建议使用风味十足的时令生樱虾

干燥的樱虾终年都可买到，用来做菜确实很方便。作为比较耐保存的食材，家中可常备一些，随时都可使用。

不过，生的樱虾风味更是绝妙，在其味道最佳的时期，一定要鲜虾挑选一下这道菜，最佳时节是春季，此时日本捕捞的樱虾，基本都是在骏河湾出产的。

另一道利用虾仙贝做成的佳肴

鹌鹑蛋仙贝

▽ ▽ ▽ ▽ ▽ ▽ ▽

【食材】

- 虾仙贝…4片
- 鹌鹑蛋…4个
- 圆白菜叶…4片
- 烧烤酱（根据喜好选择）…适量
- 色拉油…适量
- 盐…少许
- 胡椒粉…少许
- 肠浒苔…适量
- 鲣鱼干…适量

【步骤】

① 将鹌鹑蛋纵向切成4份，呈半月状。
② 将圆白菜叶切成细丝。
③ 在平底煎锅中倒入色拉油，烧热后放入圆白菜丝炒制，并加入盐和胡椒粉调味。
④ 在虾仙贝上涂上一层自己喜欢的烧烤酱。
⑤ 将圆白菜丝、鹌鹑蛋块码放在□□□中处理好的虾仙贝上，再撒上肠浒苔和鲣鱼干。

＊根据个人喜好，再加些沙拉酱也很美味。

Bivalve／双壳贝

【时令：不同品种各有不同】

双壳贝

作为食用贝类的代表
双壳贝可用于制作多款菜肴
在汤类及烤制类菜品中更能大显身手

全世界分布的贝类，据说约有11万种之多。贝类是从远古时代便在大海中持续繁衍生息的顽强物种。在日本近海海域栖息着约5,000种贝类，其中可用作食材的约

丰满而富有弹性的贝肉中
富含美味之精华

Check!

挑选时的要点

① 挑选菲律宾帘蛤
贝壳颜色发黑且闭合紧密，外形规整、轮廓清晰，具备这些特点的为佳。

② 挑选花蚬
要选贝壳闭合紧密的，且贝壳薄而光泽很亮的为佳。

③ 挑选虾夷扇贝
用手触碰时，贝壳马上有力地闭合起来的是新鲜的。看贝柱选择时，通体透明且有弹性是最重要的。

④ 挑选文蛤
要选贝壳有光泽而闭合紧密，且贝壳之间相碰时声音不发浊的。

文蛤

Meretrix lusoria

较之菲律宾帘蛤个头更大，自带的香味很浓郁。日本国内出产的品种大多已经灭绝，市面上不再售卖，但养殖的外来品种还是很容易买到的。

在家处理双壳贝的方法（以"虾夷扇贝"为例）

① 使用开贝专用刀，从壳内表面较薄处与贝柱之间的连接处下刀，从不同角度来回多切几刀。

② 像使用螺丝刀那样，撬开贝壳，把贝柱一点点地刮下来。

③ 拿起贝肉，手指用"剥离"的手法把贝柱周围的部分取下来。

④ 用"推出"的手法，把贝柱取出，让贝柱和周围的贝肉分离开来。

⑤ 此外，在步骤2中，也可以先把贝柱以外的部分取下来，再从贝壳上把贝肉刮下来。

有50种。

在食用贝类中，有代表性的常见售卖品种之一便是双壳贝。形如其名，双壳贝拥有两片贝壳。其中，文蛤及菲律宾帘蛤等一直是赶海拾潮时能够捕获的品种，虾夷扇贝则是常见的食用贝类，这些品种均可在超市轻松买到，可谓是"身边的食材"。人类食用贝类的历史也很悠久，早在石器时代便设有专门丢弃贝壳的地方——"贝冢"，可见人们自那时起便经常食用贝类。

具体说到烹饪方法，对于大型贝类，可以直接烤制或做成刺身。而小型贝类，除了可以入汤品味其汁液，还可用酒蒸制或炸成天妇罗，做法非常丰富多样。贝类还可做成更便于保存的食品，干贝柱和佃煮等都是其中的代表。

双壳贝的主要种类

花蚬
Corbiculidae
栖息于淡水水域或海水与淡水的混合水域中，富含苹果酸，从江户时代以来就被视为比动物肝脏还要珍贵的食材。是佃煮等菜肴的常用食材。

菲律宾帘蛤
Ruditapes philippinarum
日本全国均有分布的代表性食用贝类，终年均可大量捕获。贝中渗出的汁液很美味，可用来做味噌汤及意大利面等，用途非常广泛。

虾夷扇贝
Patinopecten yessoensis
贝柱肉质厚实，经常直接生吃的一种贝。养殖的也比较多，将贝柱烘干做成的干贝，是烹制中式菜肴的高级食材，也是制作XO酱的原料。

滑顶薄壳鸟蛤
Fulvia mutica
分布在日本、朝鲜半岛、中国沿岸，在水深数米到数十米的内湾泥地里生息，适合做寿司、刺身，也适合腌渍，口感柔软，有一定嚼劲，味甘甜。

有代表性的产地及品牌

① 北海道猿拂 特大虾夷扇贝
在水温较低的环境中孕育生长的虾夷扇贝，浓郁的甘香味，以及在口中融化开来般的口感，均是其特色之所在。

② 青森县 青森虾夷扇贝
捕获于森林与水流交织的自然环境中，含有丰富的营养成分。肉厚而甘香是其突出的优势。

③ 三重县 桑名的文蛤
桑名的海域中有大量文蛤，质地柔软、口感温和的为绝品。

④ 广岛县廿日市 大野玄蛤
产地为大野濑户，这里以稳定的海潮及退潮后露出的天然海滩为优势，在此捕获的玄蛤泥沙含量少、食用方便、风味甚佳。

Part.1
水产篇

007

双壳贝

在家处理双壳贝的方法（以"文蛤"为例）

❻ 把贝巢用刀切下来，揪下来也可以，注意一定不要弄破。

❼ 把内脏和带状结构也切下来。这样最后便分成了这样的4个部分。

❶ 把贝壳表面附着的污物仔细清洗干净。用开贝刀从贝壳间的缝隙中插进去。

❷ 将贝壳两侧中有贝柱的那一侧切下来，这样贝就被打开了。

❸ 附着贝肉的那一侧贝柱也用同样的方法切下，就可以从贝壳上完整地取下贝肉了。

Recipe

/011 玄蛤佃煮

去除贝肉

煮制

临出锅前的处理

❷用大拇指按住贝柱，向旁边拉拽，可以更轻松地取下贝肉。❹文火慢煮，直至收汁，最后加入日式甜料酒，不仅可使风味更加丰富，还能有效提升菜品的光泽感。

【 工 具 】
• 碗
• 竹浅筐
• 锅

【 食 材 】
• 玄蛤（带壳）…800克（可食用部分约300克）
• 生姜…30克
Ⓐ
┌ 酱油…4—5大匙
├ 日式甜料酒…4大匙
├ 糖…4大匙
├ 酒…2大匙
└ 玄蛤煮出的汤汁…200毫升

【 步 骤 】
① 首先去除玄蛤中的泥沙，使贝壳和贝壳之间相互摩擦，仔细清洗干净。
② 锅中放入水，加入玄蛤煮制，至玄蛤的壳张开后捞出放到竹浅筐中，逐个取肉，留取玄蛤煮出的汤汁，备用。
③ 生姜去皮，切成细丝。
④ 在锅中放入玄蛤肉和A中所述食材，放入生姜煮制，直至收汁。煮好后放入少许日式甜料酒，搅拌至所有食材充分混合，使汤汁更有光泽。

Column
▽▽▽▽▽▽▽

玄蛤煮出的汤汁中富含着精华

玄蛤等贝类富含苹果酸等精华成分，尤其是在时令季节，精华成分含量会更加丰富。不过，由于苹果酸是水溶性的，将玄蛤上锅加热后其精华成分就会溶出。做焖煮时，煮出的汁也要一起食用，所以煮后一定要留取汤汁备用，不要舍弃。

另一道利用玄蛤佃煮做成的佳肴

玄蛤佃煮木须汤
▽▽▽▽▽▽▽

【 食 材 】
• 玄蛤佃煮…60克
• 牛蒡…15厘米
• 西蓝花…½颗（约100克）
Ⓐ
┌ 汤汁…150毫升
├ 日式甜料酒…2大匙
└ 酱油…1—2大匙

【 步 骤 】
① 将牛蒡去皮，切成竹叶般的薄片，浸泡在醋水中备用。将西蓝花根部较硬的部分切掉，再切成大小方便食用的块状。
② 将牛蒡捞出，擦净表面的液体，与A中所述调料一起放入平底煎锅中炒制，待牛蒡稍软后，放入玄蛤佃煮和西蓝花，盖上锅盖煮制约2—3分钟。
③ 将鸡蛋打散，转着圈地均匀倒入锅中，再盖好锅盖继续煮制，至鸡蛋呈半熟状态时关火。

Katsuwonus pelamis／鲣鱼
【时令：5—6月、9—10月】

鲣 鱼

春季北上，秋季南下回归
为日本列岛带来季节更替讯号的洄游鱼
可制成香气四溢、风味尤佳的拍松

　　栖息在日本太平洋沿岸的鲣鱼，是一种洄游
鱼类，从初夏到秋季都会沿着黑潮洄游到大海。

　　在渔港，每年首次捕捞上来的鲣鱼叫做"初
鲣"。自江户时代，"初鲣"就被当做提示夏季已

随着体脂增多、身形紧凑
便到了食用鲣鱼的最佳时节

鲣鱼

Katsuwonus pelamis

广泛分布于世界各地，日本的渔场主要
位于太平洋一侧的海域。鲣鱼可以制成
刺身及拍松食用。作为鲣鱼干的原料，更
是日本食文化重要的组成部分。鲣鱼兴
奋时，腹部就会出现横向的条纹。

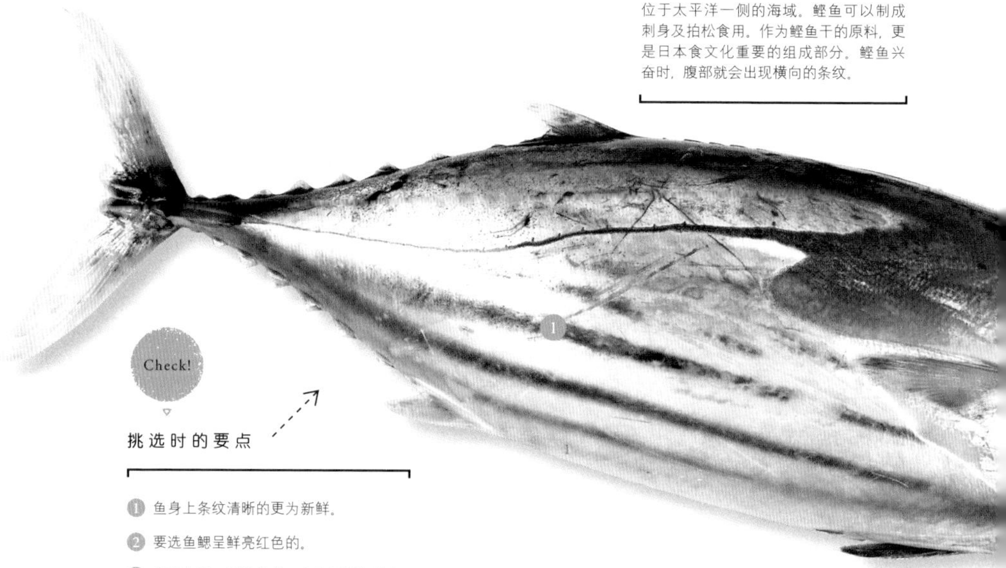

Check!
▽

挑选时的要点

① 鱼身上条纹清晰的更为新鲜。

② 要选鱼鳃呈鲜亮红色的。

③ 体型丰满，圆鼓鼓的，吃起来更为美味。

④ 鱼身的颜色呈透明鲜亮的红色。

在家处理鲣鱼的方法（以"本鲣"为例）

① 头部周围密布着非常
坚硬的鳞，需用刮鳞器
去除。

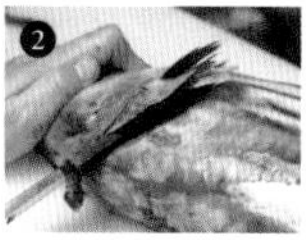

② 从腹鳍根部入刀切一
下，注意下刀不要太
深，不要切到内脏。

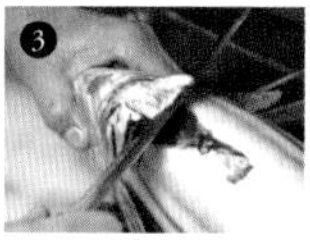

③ 把鱼翻过来，从腮下入
刀，边转动刀边往里切。

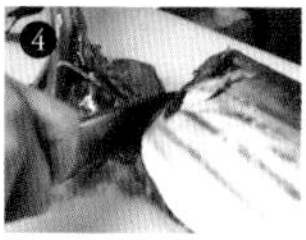

④ 像用力掏内脏那样，将
头部取下。

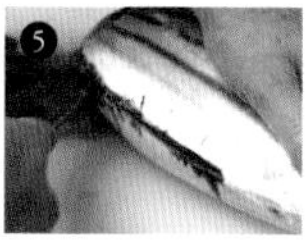

⑤ 沿着肛门至头部的方向，
把肚子剖开。

至的自然讯号而被人们所珍视。在那个时代，各个渔港捕捞情况各异，捕捞量极大的高知县等地，想必在日本全国范围内有很高的认知度吧。

鲣鱼在夏季会北上至黑潮和亲潮（千岛寒流）交汇的三陆海岸海域附近。到了秋季亲潮流势增强，鲣鱼又会顺应此变化南下返回。此时南下的鲣鱼在低温海水的影响下，

脂肪含量增多，也被称作"归鲣"。这与"初鲣"在味道、口感上均风格迥异，其间的差异值得品味。

要把鲣鱼保存起来长期食用，当然要做成鲣鱼干了。据说，烘干鲣鱼干的技术雏形初现在江户时代，传承千年后才让现在的我们吃上了鲣鱼干。它是一种重要的风干类食材，在日式菜肴中起着很关键的作用。

鲣鱼的主要种类

扁舵鲣

Auxis thazard

作为鲣鱼的近缘品种，有"平鲣"和"圆鲣"之分，但对市面上售卖的食用鲣鱼而言并不区分，而是统称为"扁舵鲣"。其外形与鲭鱼比较相似。

北部湾鲔

Euthynnus affinis

栖息于日本本州中部以南的区域，其红肉部分味道接近于鲣鱼，可用来做刺身、盐烧鱼等，但市面上的销售量比较少。在西日本地区被叫做"YAITO"。

东方狐鲣

Sarda oriantalis

在南日本太平洋沿岸海域中广有分布。肉为质地柔软的红肉，较之鲣鱼保鲜期更短，容易变味，由于很快就会变质，市面上几乎没有售卖。

有代表性的产地及品牌

① **和歌山县周参见町 周参见钓鲣**

采用鱼饵垂钓而得的鲣鱼，由于直接钓起，非常鲜活，虽脂肪含量较高，却也清爽不腻。

② **宫城县 金华鲣**

在食物丰富的三陆海域栖息的金华鲣，较之"初鲣"脂肪含量更高，制成刺身最为美味。

③ **鹿儿岛县 松崎鲜鲣**

以垂钓方式捕获的鲣鱼，由于在渔船上就被去除血水急速冷冻起来，弹力十足的口感值得品味。

④ **宫崎县 宫崎鲣**

在近海以垂钓方式而得的鲣鱼，产量傲居全日本首位，产自宫崎县内大堂津港的一级品。这里自古便盛行垂钓捕鱼。

将刀掏进肚子里，用刀尖将残留的内脏及血合肉挑出来。

在流水下将肚子内部仔细清洗干净，为避免把鱼身弄散，尽快洗好。

将鱼竖着拎起来，像把背鳍翻起一般，用刀切掉背鳍。

在鱼肚子的一侧用刀尖沿刚才的切口一直切到尾鳍处，下刀的深度要一直切到脊背。

鱼背一侧也用同样的方法切开，直至将尚连接着的尾鳍切分开，就处理好了。

[工具]
- 铁钎子（约30厘米）…5根
- 方平底盘

[食材]
- 鲣鱼肉…1段
  - 大蒜…1瓣
  - 生姜…½块
  - A · 小葱…2—3根
  - 酱油…2大匙
  - 柑橘类水果榨出的汁…½大匙

[步 骤]

① 把鲣鱼肉条带皮的一面朝下放在案板上，取肉条中点处，从距离鱼皮约1厘米厚的地方穿入1根铁钎子。

② 将其余几根铁钎子中间隔均匀地穿入肉条，使5根钎子呈扇形。

③ 将炉灶开至大火，手持钎子，用火苗外焰烤制鲣鱼肉条带皮的一面，沿侧边缓缓移动，使整个鱼皮烤制的颜色均匀。

④ 将鲣鱼肉条翻过来，用同样的方法再将钎子烤制另一面，在火焰上方缓缓移动，使两侧的颜色均匀。

⑤ 在方平底盘中放入冰块，将鲣鱼肉条放入其中，趁钎子还有热度，快速拔出，拔出时要避免破坏鱼肉。

⑥ 不时将鲣鱼肉条上下翻动，使其冷却。如果浸泡在水中的时间太长，鱼肉会吸收过多的水分，所以冷却后要尽快捞出。

⑦ 用厨房纸巾将步骤⑥中冷却好的鲣鱼肉条擦干，裹上保鲜膜，放入冰箱冷藏，直至临切的时候再取出。

⑧ 将A中所述食材混合起来，制成料汁。

Recipe

/ 012 鲣鱼拍松

穿铁钎子　　　　　烤制　　　　　冷却

❷先取鱼肉条的中点处，在距离鱼皮约1厘米厚的地方穿入1根铁钎子，然后在靠近鱼肉条两端的位置穿入第2和第3根铁钎子，再取每两根铁钎子之间的中点位置穿入第4和第5根铁钎子，使5根铁钎子呈展开的扇形。❸烤制时要用火焰的外焰，从带皮的一面开始烤起。要不停地移动鲣鱼肉条，使整面烤出均匀的焦黄色，烤完一面再烤另一面，这些均是确保烤制不会失败的小窍门。❺鲣鱼肉条冷却后会收缩，到时铁钎子就不好拔出来了，所以一定要趁尚有热度时及时拔出。

Column
▽ ▽ ▽ ▽ ▽ ▽ ▽

也可使用平底煎锅
轻松简便地烤制

如果没有铁钎子，也可使用带有不粘涂层的平底煎锅来烤制。这种情况下也要先从带皮的一面开始烤起，烤出均匀的焦黄色后，再翻过来烤另一面。由于是使用平底煎锅，鲣鱼肉条不可过长，其大小应适合锅的直径。烤好后，其他步骤是相同的。

另一道利用鲣鱼拍松做成的佳肴

韩式鲣鱼拍松沙拉
▽ ▽ ▽ ▽ ▽ ▽ ▽

【 食材 】

- 鲣鱼拍松…1段
- 生菜叶…3片
- 洋葱…½个
- 切好的裙带菜…5克
- 辣椒（红色）…¼个
- 杏仁碎…适量

Ⓐ
- 韩式辣椒酱…1小匙
- 芝麻油…1小匙
- 醋…2大匙
- 酱油…1大匙
- 糖…1大匙

＊可根据个人喜好调整韩式辣椒酱的用量

【 步骤 】

① 将洋葱用擦丝器擦成细丝，用水充分漂洗，而后捞出放入竹浅筐中，去除水分。
② 将切好的裙带菜放入水中泡发，而后捞出放在竹浅筐中，挤出其中的水分。
③ 将生菜切成7—8毫米的宽条。辣椒纵向剖开，而后切成2—3毫米的细丝。
④ 将鲣鱼拍松切成约5毫米厚的条。
⑤ 将Ⓐ中所述调料充分混合。
⑥ 将步骤①、步骤③和步骤④中的成品倒入碗中，迅速地搅拌一下。
⑦ 将步骤②和步骤⑥中的成品摆上上桌的容器中，在上面撒上杏仁碎。
⑧ 加入步骤⑤中混合好的料汁即可。

Cassiduloida／海胆
【时令：4—7月】

海胆

浓厚的香味与
凝缩的精华
在舌尖上融化开来

不论做日式、西式还是中式菜肴
均可充分利用海胆
无愧为高级食材的代名词

海胆是众所周知的高级食材。仅在日本，已知的品种就超过100种，不过通常用于食用的仅有不到10种。其中，虾夷马粪海胆和紫海胆尤其有名，二者常被相提并论。

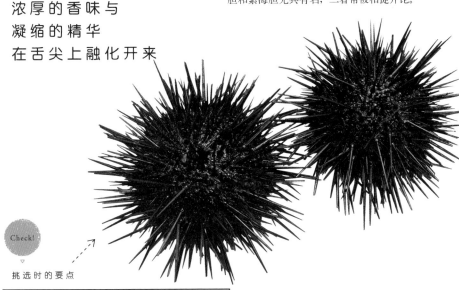

Check!

挑选时的要点

① 要选周身没有海胆黄溶解渗出，且形状规整完好的（为防止海胆变形，会使用适量的明矾，形状会因明矾用量的多少而有所不同）。

② 仔细观察海胆就会发现，它们的表面有很多细小的颗粒。如果这些颗粒还没有变扁、变软，说明还很新鲜。

③ 不要选择浑身都湿漉漉的、沾满水珠的海胆，表面圆润丰满、光泽闪亮的海胆会更好吃。

④ 海胆食用部分的颜色基本上呈橘黄色或土黄色，如果它呈茶色，说明已经不新鲜了，挑选时要格外留意。

紫海胆

Anthocidaris crassispina

一种大型海胆，从三重县直至九州的太平洋沿岸、九州西岸海域均有分布。据称味道较之虾夷马粪海胆稍有逊色，通常被制作成加工食品出售。

值得了解的点滴知识

▶ 海胆是营养丰富的
"海中能量果"

海胆不仅含有大量酵素、优质蛋白质、脂肪、维生素及矿物质的含量也很丰富，对健康及美容大有裨益。由于海胆能够使身体温热起来，并增强肾胆功能，还能有效改善寒性质。

▶ 留存住海胆美味
的保鲜方法

要使海胆保鲜，应该注意以下要点。一定不要使其干燥，一定不要放在通风处，放在冰箱中冷藏保存时，一定要用保鲜膜严实地包裹好，将外界空气隔绝掉。

▶ 海胆与明矾之间的关系是什么？

海胆是很容易溶解的食材，即使放在冰箱中冷藏保存，2—3天后也会变形，人们为此想出的解决办法是使用明矾防止其变形。明矾是由硫酸铝和硫酸盐等组成的复盐，它的效果就像点豆腐时所用的卤水。不过，怎样使用明矾才能使海胆既不易变形，味道又不会变苦，还是比较难把握的。

海胆的蛋白含量较高，富含锌、牛磺酸等通常不易摄取的营养成分，且脂肪含量和热量都较低。

用日文中的汉字来表示时，有"海胆"和"雲丹"两种写法。它们的含义并不相同，前者指活着的海胆，而后者则是指海胆经过用盐腌渍等加工步骤之后的状态。

海胆可食用的黄色部分，并不是肉，而是其精巢与卵巢（生殖腺）。通常精巢较卵巢更为高级，在料亭等高档餐馆，有时会被专门筛选切下。

海胆一直以来都被当做寿司的高级主料，但其实因其浓郁醇厚的味道，与日式、西式及中式菜肴都很相配，也可作为意大利面酱汁等的食材，以突出菜肴浓厚的香味。

此外，日本全国各地均有加工制作海胆干货。盐腌海胆、海胆味噌、熬炼海胆等，均是其中的代表。

海胆的主要种类

虾夷马粪海胆

Strongylocentrotus intermedius

捕捞于北海道、青森县、岩手县的太平洋沿岸海域，在日本国产海胆中售价颇高，与北紫海胆并列为味道最佳的海胆。

赤海胆

Pseudocentrotus Depressus

部分捕捞于神奈川县以西的太平洋沿岸海域等地，捕捞期仅有短短的3个月，并且在产地周边地区消费量较大，所以市面上售卖量较少，价格较高。

有代表性的产地及品牌

① 北海道利尻岛
北紫海胆

孕育生长于寒冷北国海域的梦幻般的海胆，体型较大，味道浓厚，入口甘香四溢，是不同于紫海胆的品种。

② 北海道 增毛产海胆

马粪海胆全年的捕捞期仅有短短2个月，不同于其他海胆，在口中融化开来的甘甜味使人满口留香，风味堪称绝妙。

③ 鸟取县大山町
大山町产海胆

大山的雪融化成水，与山毛榉林共同蓄积伏流，流入大山町冲，这里海藻含量很丰富，海胆的个头也很大。

④ 山口县 北浦产海胆

北浦冲作为日本屈指可数的美丽海域而被人们熟知，这里出产的海胆味道温和，肉质细腻，口感甚佳，也被做成瓶装海胆罐头售卖。

▶ **全球海胆捕捞量最大的其实是美国！**

在人们的印象里，美国是并不怎么食用海胆的国家，但却是海胆出口的第一大国。很久以前，由于海胆是海藻生长的天敌，美国总是将其大量捕捞后废弃。不过，近年来美国渐渐注意到将海胆在日本市场中的价值所在，也开始向日本出口海胆了，可以在日本小店里看到的体型巨大的"JUMBO海胆"，便是产自美国的加利福尼亚州。

▶ **适合各种菜肴使用是海胆的一大魅力**

在人们的固有印象里，海胆因其他食材都没有的独特味道，以及那份浓郁的香醇，似乎总是被做成寿司或刺身来吃，用急火短暂加热后的海胆，甘香味更加突出，作为制作西餐的食材颇受欢迎。用来熬制浓香奶油意大利面，或是奶汁烤干酪蔬菜，皆成醇厚美味。此外，在日式菜肴领域也可当做凉拌菜的酱料，或是当做味噌来配酱烧串，做成汤也很美味。海胆是一种存在感很强的食材，稍稍添加一点，便能让菜肴提升一个档次。

Recipe

/013 海胆味噌

▽ ▽ ▽ ▽ ▽ ▽ ▽

【工 具】

- 小锅

【食 材】

- 海胆肉…80克
- 西京味噌…30克
- 日式甜料酒…1大匙
- 酒…1大匙

【步 骤】

❶ 将西京味噌、日式甜料酒和酒混合，倒入小锅中，微火慢煮，边煮边搅拌。

❷ 煮至锅中混合物的黏稠程度与味噌差不多时关火，加入海胆肉，边将其弄碎，边散开，边搅拌。

❸ 再次开火，微火慢煮，直至锅中混合物的黏稠程度与沙拉酱差不多时，关火。

Column

▽ ▽ ▽ ▽ ▽ ▽ ▽

甘甜味与海胆非常相配的
西京味噌

西京味噌是短期熟成型的白味噌，主要在关西地区长期制作与食用。使用2倍于大豆用量的优质米曲，将盐分控制在了较低的水平，以甘甜味突出为主要特征，也被称作"关西白味噌"。当与带有咸味的海胆相搭配时，甜味与咸味互补，显得非常相配，且由于搭配的是白味噌，突出了海胆的黄色，使成品的颜色非常漂亮。将西京味噌用日式甜料酒调开来腌渍鱼或肉的"西京腌渍法"，同样由来已久，广为使用。

海胆味噌奶酪开式三明治

▽ ▽ ▽ ▽ ▽ ▽ ▽

【食 材】

- 海胆味噌…3—4大匙
- 奶油状奶酪…2—3大匙
- 苏打饼干…8片
- 薄荷叶…适量
- 柚子皮…适量

【步 骤】

❶ 在苏打饼干表面涂上奶油状奶酪。

❷ 在〔干—5〕的成品上放上海胆味噌。

❸ 点缀上薄荷叶和柚子皮即可。

制作时的要点

煮制

混合

完成

❶用微火慢慢煮制，边煮边搅拌，以防糊锅，直至味噌变软为止。❷在加入海胆之后，不要过分搅拌，不要把海胆弄得太过细碎，能保留少许的颗粒感就恰到好处了。❸成品可以趁热吃，冷却后再吃也很美味。

Crassostrea／牡蛎
【时令：12月—次年2月】

牡 蛎

凝结大海之精华
一口咬下时
四溢的香味堪称妙绝

作为生吃贝类的代名词
牡蛎在全球各地均深受喜爱
是营养丰富的"海中牛奶"

不仅是在日本，世界各地海湾沿岸的人们都食用牡蛎。能够将"生吃文化"在如此广阔的范围内推广开来的贝类，只有牡蛎。

由于蛋白质、糖原及锌等营养物质含量

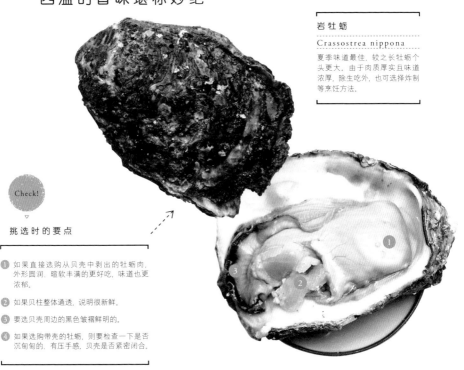

岩牡蛎
Crassostrea nippona
夏季味道最佳，较之长牡蛎个头更大。由于肉质厚实且味道浓厚，除生吃外，也可选择炸制等烹饪方法。

Check!

挑选时的要点

① 如果直接选购从贝壳中剥出的牡蛎肉，外形圆润、暗软丰满的更好吃，味道也更浓郁。

② 如果贝柱整体通透，说明很新鲜。

③ 要选贝壳周边的黑色皱褶鲜明的。

④ 如果选购带壳的牡蛎，则要检查一下是否沉甸甸的、有压手感，贝壳是否紧密闭合。

在家处理牡蛎的方法（以"岩牡蛎"为例）

① 首先用水清洗一下，把表面附着的细小的贝壳碎片清除掉。

② 找准两片壳之间的分界线，插入开贝刀。为避免受伤，请带上劳动手套。

③ 旋转开贝刀，稍稍打开一道缝，再把刀深深插入壳内，把牡蛎撬开。

④ 用手握住两片壳，慢慢打开。牡蛎壳还可以当做盛盘时的容器。注意保持其形状的完整美观。

⑤ 从位于壳下方的贝柱处入刀，把贝肉完整地切下来，即处理完毕。

丰富，牡蛎有"海中牛奶"之美称。其肉的价值自不必说，连壳碾碎后都可用于制作中药。

日本约有20种牡蛎，广泛分布于全国，不过主要的食用品种是长牡蛎和岩牡蛎这两种。

长牡蛎在冬季味道最佳。在英语中不含"R"这个字母的几个月份——May、June、July、August（5—8月），长牡蛎的味道会变差。而岩牡蛎则相反，在春夏季味道最佳。

据说，日本人对牡蛎的养殖可追溯到室町时代，可见其历史渊源之深。牡蛎也是贝类中人工养殖最为繁盛的品种。随着养殖技术的进步，现在人们几乎终年都能吃到养殖的长牡蛎了。

在自家烹制牡蛎的方法也很多样，如熏制和油腌等。

牡蛎的主要种类

近江牡蛎

Crassostrea ariakensis

有明海的准特产，含有丰富的钾等无机盐，以及多种维生素，较长牡蛎长势更佳，体型更大。

长牡蛎

Crassostrea gigas

人们所说的"牡蛎"，通常指的就是这一品种，在日本全国各地均有养殖，冬季有所售卖。比较有名的产地有广岛县和宫城县。

有代表性的产地及品牌

① **北海道钏路町 仙凤迹的牡蛎**

产于后岸湾西海岸的仙凤迹的贵重牡蛎，口感如奶油般醇厚浓郁，肉质丰满而富有弹性。

② **岩手县赤崎 赤崎冬香**

在媒体上都有所报道的高级牡蛎，使用特殊的"拉耳钓养殖"方法，便是其美味的秘密。

③ **广岛县江田岛 夏牡蛎"一粒君"**

不同于通常的养殖方法，是在吊篮里小心地养大的，因而形状一致，肥厚多汁。

④ **广岛县 牡蛎小町**

广岛新兴的品牌牡蛎，特色是牡蛎肉硕大，绝对能吃饱，糖原的含量也很高。

> 值得了解的点滴知识

▶ **预处理——"筛洗"**

将牡蛎放入沥水套篮等容器中，接水，放入浓度约3%的盐，用手轻轻搅动使其溶解，再晃动沥水篮，充分筛洗，这样处理后，不仅是污物，表面的黏液及腥味都能够去除。

▶ **预处理——"沥干"**

这样洗过的牡蛎带有很多水分，湿漉漉的状态会影响其味道，所以筛洗后要用厨房纸巾或干净的抹布把表面的水擦干净。在炸制时，如果牡蛎带有水分，油会进溅出来，所以还要从牡蛎上方用厨房纸巾轻轻压一压，以充分吸收表面的水分。

▶ **使牡蛎丰满暄软的小窍门**

只需在正式烹饪前用沸水很快地焯一下，牡蛎的味道便会大有提升，牡蛎肉加热时表面会形成一层膜，这样即使再次加热，肉也不易缩减。牡蛎肉放入沸水中后会膨胀并变白，所以一定要迅速捞出，如果比较介意，即使生吃牡蛎，也可以稍稍焯一下，将焯好的牡蛎放入竹浅篮中沥一下水，然后马上浸入冰水中，能够使肉质更加紧实。

Recipe

/ 014 油腌牡蛎

▽ ▽ ▽ ▽ ▽ ▽

【工 具】
- 竹浅筐
- 金属质地的笊篱
- 蒸制器皿
- 保鲜膜

【食 材】
- 牡蛎…剔出的牡蛎肉200克（约10只）
- 盐…½—1小匙
- 日式甜料酒…4大匙
- 黑胡椒粒…适量
- 橄榄油…1—1½杯

【步 骤】
① 用2大匙盐调成盐水（单备盐水，不占食材中盐的用量），放入牡蛎肉仔细揉洗，而后用水清洗干净。
② 捞出牡蛎肉放入竹浅筐或金属笊篱中，沥干水分，再用厨房纸巾擦净残留的水分。
③ 加入盐和黑胡椒，腌渍约3小时。牡蛎肉渗出水分后，再次用厨房纸巾擦净。
④ 将金属质地的笊篱放在玻璃碗上，放入牡蛎肉，加入橄榄油。
⑤ 使加入橄榄油的量刚好没过牡蛎肉即可。
⑥ 将步骤④中的成品倒入蒸制器皿中，用2—3层保鲜膜包裹好，上锅蒸15分钟即可。

Column

▽ ▽ ▽ ▽ ▽ ▽

把牡蛎做得更美味的
小技巧

在做油腌牡蛎时，借助辣椒等辣味调料，或是桂皮等香辛料，能够调制出不同的味道，让这道菜更加美味。如果有西芹，取茎的部分加入，既能去腥，又能使风味更加丰富。西芹独特的香气，来源于其中名为"芹菜脑"的精油成分，具有增进食欲、消除疲劳等功效。在吃这道菜时，撒上些切碎的西芹也会很美味。干燥后的西芹香气更浓郁。

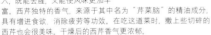

另一道利用油腌牡蛎做成的佳肴

油腌牡蛎配番茄意大利烤面包片

▽ ▽ ▽ ▽ ▽ ▽

【食 材】
- 油腌牡蛎肉…8个 • 番茄…1个
- 橄榄油…1大匙 • 罗勒叶…3—4片
- 盐…少许 胡椒粉…少许
- 法式面包（约1.5厘米厚）…8片
- 蒜…1瓣 • 黄油…适量

【步 骤】
① 将番茄切成约1厘米见方的小丁，将罗勒叶用手撕碎，放入碗中备用。在碗中倒入橄榄油，搅拌混合，再加入盐和胡椒粉调味。
② 将法式面包切成约1.5厘米厚的片，放入烤面包机中烤至焦黄。将蒜瓣切开，用切口处擦涂法式面包片的上表面，使一些汁液渗入面包内，再涂上一层黄油。
③ 将步骤①中的成品和油腌牡蛎码放在步骤②的成品上即可。

制作时的要点

盐水揉洗　　　　　　**擦净水分**　　　　　　**腌渍**　　　　　　**蒸制**

①在盐水中轻轻地揉洗，不要弄伤牡蛎肉。②为去除牡蛎肉中多余的水分，要用厨房纸巾把表面的水仔细擦拭干净。③牡蛎中的部分精华会溶解在油中，所以腌渍后的油也可以保留下来当做烹调油使用。④包保鲜膜时要严实，不留缝隙。

Check!

挑选时的要点

① 要选鱼身的橘红色较为浓重的。

② 鱼身颜色鲜艳的更佳。

③ 检查一下鱼身是否闪着银色的光，鱼鳞是否脱落。

④ 鱼身的弹性较好，说明很新鲜。

在寒冬里温暖着日本北国人民的胃
鱼子做成"露"，鱼骨用来涮火锅
可以充分利用、毫不浪费

自古以来便长期居住于北海道的阿伊努族人，将鲑鱼尊奉为"鱼之神"。这主要是因为，鲑鱼烹饪起来可以毫不浪费地充分利用。

身形美丽
新鲜而味道层次丰富

Salmon／鲑鱼 【时令：9—11月】

鲑 鱼

银鲑

Oncorhynchus kisutch

从智利出口到日本的养殖鱼较多。冷冻、解冻及盐腌银鲑等加工食品，终年都可在超市里买到，价格便宜，脂肪含量较高。

值得了解的点滴知识

▶ **鲑鱼、鳟鱼和三文鱼之间**
究竟有哪些不同之处？

鲑鱼、鳟鱼和三文鱼虽被视为完全不同的品种，但只是细分种类有所不同，从大的分类上来说这些鱼类其实都属于鲑科。提起"烟熏三文鱼"，在大家的印象里，或许会觉得这种烹饪方法无论如何也不适用于鲑鱼吧，但其实用鲑鱼来做也是没有问题的，如果买到了上等的鲑鱼，请一定尝试一下！

▶ **为什么鲑鱼的身体是橘红色的？**

大家或许并不知道，鲑鱼其实是一种白肉鱼。由于人们主要以渔网捕捞鲑鱼，所以鱼身会因色素沉着而发红，其实大小的鲑鱼身体是白色的。这种颜色是由一种名为"虾青素"的胡萝卜素呈现出来的，这种色素具有抗氧化的作用，有健体美容的效果。

▶ **银鲑还有这些种类……**

即使同样是银鲑，根据捕捞期及时令的不同，味道也会大相径庭，为进行区分，日本人命名了一系列名称，其中最有名的要数"鲑儿"了，这个词是指错误地在秋天就捕捞上来

鱼子可以做成咸鲑鱼子，鱼骨用来炖煮汤汁或是涮火锅，各地还有食用鲑鱼的心脏、肝脏及鱼头的文化，无论怎样吃都非常美味。

通常，鲑鱼出生在河里。而后它们会游向大海，经过几年的时间，慢慢长大。直至到了产卵期，它们会再次洄游到出生的河里去产卵，并在那里走完一生。

从日本知床到网走附近的水域中，栖息着1—2万尾鲑鱼，在那里可以捕捞到脂肪含量几倍于一般鲑鱼的小鱼。这种鲑鱼被称作"鲑儿"，在市面上售价很高。

鲑鱼虽然有多种保存方法，但不变的经典方法还是用盐腌渍。先用重量相当于鲑鱼体重20%的盐腌渍，再用稻草卷起来，这样做成的食物在日文中叫做"新卷鲑"，是日本冬季颇具季节感的食物。

鲑鱼的主要种类

硬头鳟
Oncorhynchus mykiss

指在智利、挪威等地养殖的虹鳟鱼，身体呈偏粉的橘黄色，没有什么特殊的味道，被人们视为一种符合大众口味的鱼。

红大麻哈鱼
Oncorhynchus nerka

在日本，这种鱼多是从俄罗斯及阿拉斯加等地进口的，经常被当做烟熏三文鱼的原料，是鲑属鱼类中肉色最红的，非常美味。

大鳞大麻哈鱼
Oncorhynchus tschawytscha

日本的这种鱼多是从以加拿大为中心的地区进口的，大多是养殖的，较之日本国内出产的鲑鱼，特征在于体型更大，脂肪含量更高。

大麻哈鱼
Oncorhynchus keta

在日本，说到"鲑鱼"，大体上指的就是这种鱼，身体的红色较浅，脂肪含量少，吃起来比较清淡爽口，随着不断长大，叫法也会有所变化。

有代表性的产地及品牌

① ② ③ ④

① 北海道 知床鲑儿

被视为"数万尾中才出一尾"的梦幻鲑鱼，体型虽小，却浑身都是富含脂肪的鱼肉，且脂肪的质量甚佳。

② 北海道 时不知

从春季到夏季期间捕捞的鲑鱼，被称作"时不知"。如果未在时令季节捕捞，精巢及鱼子尚未吸收身体内的营养，脂肪含量就会非常高。

③ 北海道日高 银圣

在黑潮和亲潮交汇的海角周边区域，用固定渔网捕获的"银毛"，体重可达3.5千克以上。是专业厨师的御用品种。

④ 北海道别海町 银融脂

在江户时代曾上贡给德川幕府的高级鲑鱼，在银鲑中也属于矿物质含量丰富的品种。

Part.1
水产篇
▽ ▽ ▽ ▽ ▽
011
鲑鱼

的，还未成熟的小银鲑，它们体型虽小，脂肪含量却很高，价格可达普通银鲑的10倍以上，这种"鲑儿"会边食边进食在太平洋中洄游，到了春季再北上，如在其北上时捕捞，则被称作"时不知"；此外，与"鼻子"部分较长的成熟期的鱼相比，"鼻子"与眼睛之间的距离尚且较近，距离成熟还差一步的银鲑，被称作"母鹿"；为了产卵而洄游，至北海道被捕捞上来的，被称作"秋鲑"；而至东北地区被捕捞上来的，叫做"银毛"。

▶ 让鲑鱼更美味的方法

简单地做成盐烧鲑就很不错，或是用金属箔折成"烤盘"，放入蘑菇、黄油及煮好的马铃薯等，包起来一起烤制，可以做成美味的下饭菜，将烤好的鲑鱼处理成鱼肉碎，也可当做意大利面或西式奶油炖菜、菜肉蛋卷等菜肴的配料，也会很美味。

059

Recipe
/015 烟熏三文鱼

▽ ▽ ▽ ▽ ▽ ▽ ▽

【工具】
• 密闭容器 • 刷子 • 大型烟熏器

【食材】
• 三文鱼（身体一侧的肉片）…2片　　【腌渍汁】　　　　　　• 百里香…1大匙
• 橙子…2个　　　　　　　　　　　　• 盐…130克　　　　　• 月桂叶…4片
• 橄榄油…适量　　　　　　　　　　　• 三温糖…100克　　　• 迷迭香…2小匙
　　　　　　　　　　　　　　　　　　• 白胡椒粒…8粒　　　• 泡制液…100毫升
　　　　　　　　　　　　　　　　　　• 茴香…½大匙　　　　• 白葡萄酒…50毫升

【步骤】
❶ 把三文鱼肉片多余的脂肪部分去除，然后将身体中间部分的鱼刺拔除，橙子切片备用。
❷ 将"腌渍汁"中所述食材全部混合调匀，取较大的密闭容器，倒入一半的腌渍汁，取1个橙子切成片，在容器底部铺满一层，然后在橙子片上面铺上三文鱼肉片，再倒入另一半腌渍汁，将剩下的橙子片码放在鱼肉片上，将容器密封好，放入冰箱内冷藏腌渍2天。
❸ 将三文鱼肉片从冰箱中取出，去除码放在其上的橙子片，用流水迅速地冲洗一下，以清洗掉表面的盐分。用厨房纸巾包裹住三文鱼肉片用力按压，把里面的水分彻底吸除干净。
❹ 在阴凉处风干1—2个小时，待三文鱼肉片表面干燥后，用刷子在上面薄薄地涂刷上1层橄榄油，刷好后静置待其干燥，干燥后再次涂刷，如此反复多次，直至三文鱼肉片颜色发黑，而后在阴凉处风干约2天。
❺ 以低于30℃的温度，用冷熏的方式将三文鱼肉片烟熏处理16小时，在温暖的季节不好控制温度，所以只能在寒冷季节来做，烟熏好后在阴凉处风干2—3小时，即可熟成，至三文鱼肉片表面有油脂渗出，且肉质坚硬紧实时就做好了。

烟熏三文鱼配鞑靼酱

【食材】

- 烟熏三文鱼…150克
- 洋葱…¼个
- 西式黄瓜泡菜…½根
- 彩椒（红色）…⅛个
- 彩椒（黄色）…⅛个

A
- 奶油状奶酪…2大匙
- 沙拉酱…2大匙
- 柠檬汁…1—2小匙
- 盐、胡椒粉…少许
- 莳萝…适量

【步骤】

① 将烟熏三文鱼切出较大的8片，把剩余的部分切成约1厘米见方的小丁，将洋葱、西式黄瓜泡菜、彩椒（红色及黄色）分别切成细碎的末，洋葱末用盐揉搓一下，再用水洗净，去除水分。

② 将A中所述调料混合，加入 ① 中的成品，充分搅拌混合后放入冰箱内镇凉。

③ 将每2片烟熏三文鱼片立起来围成扁圆柱状，注意要使2片鱼之间紧密贴合，而后将 ② 中的成品满满地填入烟熏三文鱼片围成的"圆圈"中，小心不要破坏整体的形状，最后在上面缀上莳萝。

＊ 将洋葱、西式黄瓜泡菜及彩椒都切成细碎的末，是做好这道菜的要点。

Column

简单的几道工序
便是决定熏制能否成功的分水岭！

三文鱼里含有较粗的鱼刺，所以吃的时候需要仔细拔除。此外，把三文鱼从用于腌渍的汁中捞出后，要用厨房纸巾把表面残留的液体仔细地擦干净，这是使三文鱼更美味的诀窍，同时也别忘了勤涂橄榄油，以防鱼肉干燥。

制作时的要点

前期处理

腌渍

风干

熏制

❶拔除鱼刺的时候可能会刮破鱼肉，所以建议使用钳子等工具，沿着鱼刺生长的方向拔除。 ❷在腌渍了约12个小时后，将鱼肉片上下翻个面。 ❹带皮的一面朝下，在阴凉处自然风干。 ❺熏制的时候要保持30℃以下的低温，以冷烟熏制。

Thunnus／金枪鱼
【时令：11月—次年2月】

金枪鱼

食用鱼中的明星
作为寿司原料在全世界都广受欢迎
生吃的需求量正在急速增加

金枪鱼自古以来便被人们所食用。在日本绳文时代的"贝冢"遗址中就有金枪鱼的鱼骨出土，从中可见日本人食用金枪鱼的历史之久。不过，由于金枪鱼的肉以红肉为主，且非常容易腐坏变质，

浑身充满
鲜香而浓郁的味道
脂肪部分的甘香
非比寻常

Check!

挑选时的要点

1 要选鱼身颜色较为透明的。

2 要选身上纹理流畅，无断裂的。

3 鱼身的整体厚度及宽度较为均匀的，品质较高。

4 发黑的鱼是烤制后又冷冻起来的，不要选。

太平洋蓝鳍金枪鱼

Thunnus orientalis

广泛栖息于太平洋的热带及温带海域，由于是体长可超过3米、体重可超过400千克的大型品种，鲜活的太平洋蓝鳍金枪鱼被视为珍贵的高级食材，价格也在上涨。

值得了解的点滴知识

▶ 能够保持金枪鱼美味的保存小窍门

切好的金枪鱼肉块，买来后如果一次吃不完，需要冷冻保存，先用厨房纸巾包裹着，把其中的水分吸除干净，一块切分成方便冻制的大小，用保鲜膜一块一块地分别包好，码放在金属盘上，放入冰箱内进行急速冷冻。冻好后再将鱼肉块挪到冷冻用保存袋内，放入冰箱冷冻保存，这时要注意把保存袋内的空气完全挤出后再冻。

▶ 小小的金枪鱼体内蕴藏的保健功效

金枪鱼的肉中含有大量蛋氨酸，这是人体必需的氨基酸之一，具有预防脂肪肝等功效。此外，金枪鱼还富含硒元素，与维生素E一同摄取时，有分解过氧化脂质的作用。金枪鱼的红肉部分富含营养物质，且低热量、低脂肪，是近乎完美的减肥食物。

直至近代还被视为下等的鱼类。

金枪鱼只有红肉的部分可以生吃，而最为肥美的部分脂肪含量很高，更易腐坏变质，因此多被用于制成加工食品，却令人难以置信地广受欢迎。近年来随着冷冻技术的进步，人们能够更多地品尝到金枪鱼真正的本味，也越来越爱吃这种鱼了。作为制作寿司的原料，金枪鱼在全世界都广受欢迎。

受到渔业捕捞限制及数量减少的影响，日本的金枪鱼售卖量有逐渐减少的趋势。但另一方面，由于养殖技术的进步，市面上已经出现了养殖的金枪鱼。

很久以前，人们曾为寻找到金枪鱼的保存方法而绞尽脑汁。在江户时代前，作为金枪鱼寿司代表的"腌金枪鱼寿司"，便是使用了酱油腌渍的方法，以减缓金枪鱼变质的速度。金枪鱼罐头等加工食品，也是由此逐渐衍生出来的。

金枪鱼的主要种类

黄鳍金枪鱼

Thunnus albacares

日本近海多有分布，身体全长常可达1米以上，身形紧凑而脂肪含量较少，味道稍逊一筹，但捕捞量很大，常被用作金枪鱼罐头的原料。

大眼金枪鱼

Thunnus Obesus

在从赤道开始至南北纬35°的范围内广有分布，由于销售量最大，价格也比较便宜，经常被摆在店门口出售，其幼鱼在各地多被叫做"不倒翁鱼"。

长鳍金枪鱼

Thunnus alalunga

体长约1米的小型品种，其红肉的口感类似于鸡肉，在欧美等地也颇受欢迎，而其腹部却富含脂肪，因而一直被人们称做"鬓脂"。

有代表性的产地及品牌

① **北海道户井　本金枪鱼**

以绳钩垂钓的方式捕捉，比较不易腐烂变质的一种鱼，由于金枪鱼的主要食物是乌贼，夏季的捕捞量更大，肉质也最佳。

② **北海道松前　黑金枪鱼**

松前的金枪鱼捕捞量位列日本第一，从2009年至今都力压北海道户井。

③ **青森县大间　本金枪鱼**

在太平洋与日本海交汇的津轻，于大风大浪中孕育生长的品种，"世界第一金枪鱼"的呼声很高，肉质厚实而富含脂肪。

④ **石川县能登　能登本金枪鱼**

夏季自然放养，冬季在池中蓄养，由于采用了这样的养殖方式，终年均有产出。

▶ **巧妙挑选金枪鱼肉的方法**

购买金枪鱼肉时，要选鱼身上的纹理平行且间隔均匀的，单看鱼身的一侧可以发现，纹理间隔变窄的地方是接近鱼尾的部分，这一部分的肉，味道也会稍逊一筹。颜色发红且带有光泽的金枪鱼是更为新鲜的。

▶ **你知道金枪鱼的部位如何划分吗？**

对体型较大的金枪鱼而言，支撑其身体的肌肉也比较粗大。从头部向后，可分为"前部""中部"和"后部"这3个部分。其中，位于腹部一侧的前部脂肪含量很高，肉厚而肥美，而背部一侧，前部的肉很厚实，到了后部就变得单薄了，但这些部分间的脂肪含量并没有差异。

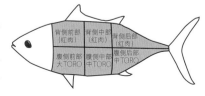

Recipe

/016 炖金枪鱼块

【工具】

· 锅 · 笊篱

【食材】

· 金枪鱼的红肉···500克

Ⓐ
- 水···400毫升
- 生姜···15克
- 酒···4大匙
- 白糖···4大匙
- 日式甜料酒···4大匙

- 酱油···6大匙
- 水···1升
- 盐···2小匙

【步骤】

❶ 将金枪鱼红肉切成约1.5厘米见方的丁，放入锅中，再向锅中加入水和盐。开火煮约5分钟，将金枪鱼红肉用笊篱捞出备用。

❷ 将生姜切成细丝。

❸ 在锅中放入步骤1中的成品及Ⓐ中所述食材，开火炖煮。

❹ 煮开后切换至中高火，继续炖煮至锅内汤汁仅剩初始状态的八时关火。整个炖煮过程中要留意不要让鱼肉糊锅。

切丁　　　　　　　煮好后捞出　　　　　　继续炖煮

❶要切成1.5厘米见方的丁，太小的话显得不够有份量，太大了吃起来会不方便。❸先稍煮一下，使鱼肉表面的蛋白质凝固，将精华锁在肉丁里。此外，这一步骤也有去除腥味的效果。❹不时把锅晃动一下，使调料与鱼肉的味道充分融合。

Column
▽ ▽ ▽ ▽ ▽ ▽ ▽

清淡的红肉才能
突出甜辣味炖菜的香味

做炖金枪鱼块时，不要使用脂肪较多的部分，而应用红肉来做，才会更好吃。由于红肉脂肪含量较少，很容易入味，调味时很适合调成甜辣味，炖煮金枪鱼块的汤汁也不要舍弃，可以用来做汤。

另一道利用炖金枪鱼块做成的佳肴

炖金枪鱼块日式意大利面

▽ ▽ ▽ ▽ ▽ ▽ ▽

【 食 材 】
- 意大利面…320克
- 炖金枪鱼块…250克
- 油菜…200克（约1把）
- 大葱…1根
- 水菜…50克
- 炖金枪鱼块的汤汁…1杯（如果不足1杯，需用汤汁补足）
- 芝麻油…1大匙
- 盐…适量
- 一味辣椒粉…少许

【 步 骤 】
❶ 将油菜切成约5厘米长的段。
❷ 将大葱斜切成薄薄的葱圈。
❸ 将水菜切成约5厘米长的段，放入冷水中镇凉，而后捞出，沥干并仔细去除残留的水分。
❹ 取意大利面，按照包装上注明的时间煮好备用。
❺ 在平底煎锅中倒入芝麻油，烧热，放入葱和油菜，迅速地煸炒一下。
❻ 在步骤❺的成品中放入炖好的金枪鱼块及汤汁，一并煮开，加入盐和一味辣椒粉调味。
❼ 将煮好的意大利面与步骤❻中的成品拌在一起。
❽ 将步骤❼的成品盛入上桌的容器中，码放上水菜即成。

Flatfish/鲽鱼
【时令：11月—次年2月】

鲽 鱼

外观独特的扁平鲽鱼
味道与其貌不扬的外表正相反
可用于制作各种料理

鲽鱼上等的清淡白肉
没有特殊的味道
大多数人都能接受

　　鲽鱼在日本各地均可捕捞，可用多种方法烹饪，是日本人长期食用的一种鱼。

　　为了在沙地环境中拟态，鲽鱼身体的颜

Check!
▽

挑选时的要点

1 斑点清晰的为佳。

2 要选身体表面很有光泽的。

3 如果腹部是纯白色的，说明很新鲜。

4 要选肉质厚实，直至尾鳍附近都比较有肉的。

尖吻黄盖鲽

Pleuronectes herzensteini

栖息在日本的广阔海域内，捕捞量也很大。食用时可做成刺身或干炸鱼等，烹饪方法多种多样，味道也很鲜美。

在家处理鲽鱼的方法（以"尖吻黄盖鲽"为例）

①	②	③	④	⑤
由于鲽鱼的鳞很细小，需使用钢丝球来去除。	从胸鳍根部处纵向入刀切一下，切时要注意不要弄破内脏。	再从鱼背入刀切一下，将内脏拽出来，拽的时候注意一定不要弄破苦胆。	将刀插入血合肉中，用刀尖的部分轻轻地将血合肉掏出。	把手指伸进鱼腹中，将里面残留的内脏拽出来。

色多呈茶褐色。鲽鱼有着非常独特的扁平状体型，在英语中，与种类较为接近的鲆鱼被合称为"flatfish"。全世界已确定的鲽鱼约有100种，其中在日本近海海域栖息的约有40种。关于鲆鱼与鲽鱼的区分，民间有着"左鲆鱼，右鲽鱼"的说法。确如此言，虽然二者是非常接近的品种，但鲽鱼的眼睛位于身体右侧，这是与鲆鱼的最大区别。

鲽鱼的肉为清淡的白肉，不仅可以做成刺身，也适合炖煮、烤制等多种烹饪方法。

鲽鱼会在冬季迎来产卵期，此时的雌鲽鱼拥有大大的卵巢，被日本人称为"抱子鲽鱼"，是非常珍贵的食材。用其煮制而成的甜辣鲽鱼子木须汤，是很受日本人喜爱的"冬天的味道"。

此外，加工制作成的鲽鱼干也是一种常用食材。尤其推荐做成"一夜鲽鱼干"来品尝，这种做法能够有效浓缩鲽鱼白肉的精华。

鲽鱼的主要种类

石鲽
Kareius bicoloratus

多栖息于太平洋西北部等海域，还会直接"入侵"河流、湖泊及沼泽等淡水水域。在其有眼睛的那一侧身体上，沿着背鳍有两排竖起突起结构，因此而得名"石鲽"。

钝吻黄盖鲽
Pleuronectes yokohamae

产于从太平洋西北部到北海道南岸以南的日本沿岸地带，捕捞量也很大。肉质紧实而鲜香，如果吃到鲜活的时令钝吻黄盖鲽，最好做成刺身。

亚洲油鲽
Microstomus achne

主要分布在中部日本沿岸以北的海域中，由于体表有很多滑溜溜的黏液，也被称做"舐鲽"，推荐用酱油烹制，会使肉质更加紧实。

木叶鲽
Pleuronichthys cornutus

主要分布在北海道以南的日本沿岸海域，两只突出的眼睛之间有刺状的骨突，这也是日文"目痛（译者注：意味难堪，不幸）"一词的语源所在。是非常受欢迎的品种

有代表性的产地及品牌

① **青森县八户 花魁鲽**

从晚秋直至次年春季赏花时节都带有鱼子，肉质也更加紧实、美味。其肉味鲜香，脂肪部分也没有特殊的味道。

② **新潟县 越后柳鲽鱼**

细长的身形使人联想到柳叶，以"体表湿润"为鉴别上品的重要特征，10—12月期间带有鱼子的越后柳鲽鱼尤为珍贵。

③ **鸟取县 赤鲽鱼**

这种鲽鱼捕获于山阴伊冲大陆架深约250米处的渔场。其身形厚实，颇受欢迎。

④ **岛根县浜田 咚奇奇鲽**

清淡的白肉味道爽口而不油腻。可以做成刺身，但用来煮或烤味道也非常不错，"咚奇奇"是一种"神乐"。

---

❻ 使用竹刷子之类的工具，把带有血合肉的部分"清扫"一遍，仔细弄干净。

❼ 沿着脊骨下刀，在鱼身正中间笔直地切一刀。

❽ 沿着从脊骨到鱼鳍骨的方向，用刀平着一点一点地推进，把鱼皮剥离开。

❾ 切开的部分如能用刀切除硬结，收拾出来的鱼肉会更美观。

❿ 另一侧也用同样的方法处理，即成"五大片"的状态。收拾出来的鱼骨干炸来吃也很美味。

Recipe

/017 一夜鲽鱼干

[工具]
- 方平底盘
- 晾晒网

- 鲽鱼…2条
- 水…400毫升
- 盐…80克

① 将鲽鱼去鳞，去除内脏。
② 将盐放入水中，搅拌至完全溶解，备用。
③ 将处理好的鲽鱼放入步骤2中的成品中，浸泡约1小时。
④ 捞出后用厨房纸巾将鲽鱼表面的水擦干净，带皮的一面朝下铺在晾晒网上，自然风干约半天。

调制盐水

浸泡

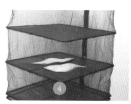
风干

②在方平底盘中放入水和盐，使盐充分溶解。 ③用盐水浸泡约1小时，其间要不时将鲽鱼上下翻面，让盐水充分地渗入鱼肉中。
④如果没有晾晒网，可以用洗衣服时晾晒小件衣物的晾衣架代替。不过为了防虫，防鸟，这时不要忘记用网状的物品从上面把晾衣架罩起来。

Column

▽ ▽ ▽ ▽ ▽ ▽ ▽

多大的鲽鱼
才适合做成鱼干呢？

与鲹鱼及鲭鱼不同，鲽鱼在去除鳞和内脏时不必剖开
鱼腹，与其他鱼相比更容易处理，如果要做成鱼干，
建议选择体长在25厘米左右，中等大小的鲽鱼，这样
处理起来更为方便，虽然风干半天就能做好，不过如
果喜欢传统鱼干那种充分干燥，口感硬脆的感觉，则
可以晾上1天，使其充分风干，这样做成的鲽鱼干也
更耐保存。其实风干的时长根据季节及天气的状况会
有所不同，所以风干时最好不时查看一下情况，根据
个人喜好风干到想要的干燥程度。

另一道利用一夜鲽鱼干做成的佳肴

一夜鲽鱼干配醋腌白萝卜泥

▽ ▽ ▽ ▽ ▽ ▽ ▽

[食材]

- 一夜鲽鱼干…2条
- 白萝卜段…8厘米
- 青紫苏叶…3片

Ⓐ
- 醋…2大匙
- 白糖…1小匙
- 淡口酱油…1小匙
- 盐…少许

- 柚子皮（擦成细碎的末）…少许

[步骤]

① 将一夜鲽鱼干烤一下，撕成较碎的块。
② 将白萝卜擦成泥，轻轻攥出一些水分。将青紫苏叶切成细小的丝。
③ 将A中所调料混合，加入擦好的白萝卜泥，搅拌均匀。
④ 在步骤①的成品中加入步骤③中的成品及青紫苏叶丝，拌在一起，
   盛入上桌的容器中，再点缀上柚子皮碎末即可。

开始你的自制美食生活吧！

自己动手制作美食的乐趣、美味与便捷，不亲自试试的话是不会了解的。
我们走访了几位已将自制美食融入个人日常生活的烹饪实践达人，
聆听他们讲述自制美食的奥妙

开始你的自制美食生活吧！

我的自家
烹饪生活

土市夏女士
Chinatsu Doi

烹饪专家、饮食店食品统筹员，以"对身心均温和
而有益"为主题，形成了自身独特的烹饪风格。现
正活跃于杂志及广告等领域。著有《我家的常备菜
肴与保存食品》（PHP研究所出版）等书籍。

将应季的美味食材
制成常备菜肴及保存食品。
每天一点点，慢慢享用

要想将自制美食融入自己的日常生活，并一直快乐地做下去，最关键的一点便是不要勉强，只在自己能做得到的范围内去尝试，并欣然享受其中的乐趣。因为如果贪心地想做很多，烹饪就会变成负担，慢慢地反而会觉得不想再做了。土市夏女士便是一个深知烹饪中那份"乐趣"的人。

"制作保存食品的乐趣，只有在应季时才能体会得到。当天决定要做的话，就一口气收集食材，当天就做出来。腌渍类食品和佃煮等，做好后可以留着之后随时享用，所以真的很宝贵。"土市夏女士在受访时这样说道。确实如此，不论春秋冬夏，她每一天都离不开亲手自制的美食。

把想腌渍的蔬菜用盐揉搓一遍，然后放进"糠床"里，静置约1天左右，根据个人喜好，等菜腌到自己想要的状态时就可以取出来了。这样做出的米糠酱腌菜不仅好吃，还没有添加剂，吃起来更放心。

土市夏女士每年春夏季节都会亲手制作一些"米糠酱腌菜"。这一时期气温较高，比较容易进行发酵，所以非常适合制作这种小菜。在春天制作时，取多半的"糠床"（译者注：以米糠为主的腌料）用于腌渍，剩余的部分则冷冻保存起来备用。这样，糠床在腌渍过程中减少时可予以补足，也可以更换掉已坏掉的糠床。在人们的固有印象里，做米糠酱腌菜时必须每天都搅拌一下，非常麻烦，

◇◇◇◇◇◇◇◇◇◇◇◇◇◇◇

我 的 自 家 秘 制 菜 谱 1

米糠酱腌菜

【 食 材 】（这里选取了易于制作的份量）

- 米糠…2合 · 自然盐…85克
- 水…2合（约360毫升）
- 辣椒…2根 · 形状长而直的蔬菜…适量

＊还需准备好带有盖子、能够密闭的容器

【 步 骤 】

① 如果使用生糠，则需选用较为新鲜的。把生糠倒进平底煎锅内稍微煎炒一下，炒出香味，立即关火。

② 在锅中倒入水，煮开，而后加入盐，使其完全溶解。

③ 将步骤①的成品加入步骤②的成品中，充分混合搅拌。待余热散去后挪到腌渍用的容器中，并加入辣椒。

④ 取形状长而直的蔬菜，用盐（单备盐，不占食材中盐的用量）揉搓一遍，埋到步骤③的成品中，再将糠床表面弄平整。

⑤ 盖好盖子，在常温下静置约10天左右，使糠床充分发酵，其间每天都要开盖翻动搅拌1次。

⑥ 大约20天后，取出其中的蔬菜，糠床就制作好了，这时就可以腌渍自己喜欢的蔬菜了。

＊制作糠床时，放入冰箱中保存，处理起来就更简便了。为了保持其美味，每天要翻动搅拌1次。

【 腌渍黄瓜和茄子的步骤 】

① 将黄瓜用盐揉搓一遍，放入糠床中腌渍。

② 茄子如果个头较大，可先切成块再用盐揉搓，然后放入糠床中腌渍，腌渍约1天左右后取出，根据个人喜好调味，即成。

嗯，美味极了！
不论春夏秋冬，
都一样宝贵的
只属于我家的味道。

但如果放到冰箱里去保存，处理起来就简便得多了。"虽然每天都翻动搅拌一下比较好，但如果较长时间不在家，其实也可以先把蔬菜从糠床里拿出来。这样糠床就算放上1个星期左右都没问题。"土市夏女士这样说道。

除了糠床，土市夏女士家中烹饪必备的还有一样东西——装在可爱的小玻璃瓶里的琥珀色神秘液体。这是什么饮料吗？她慢慢解释说："这是用甜菜制成的糖和醋混合调成的寿司醋。我的老家在淡路岛，按照那里的习俗，宴请客人或是有喜事需要庆祝的时候，都会做一些散寿司或是卷寿司之类的食物。所以，我的家人们都非常喜欢吃寿司。现在我虽然在东京安家，但还是常常会自己做寿司。这种寿司醋是我自己调配的，是我家冰箱里必不可少的一味调料。"

土市夏女士特制的寿司醋，尝起来味道稍有些甜，不仅适合配白米饭，跟糙米饭也很搭配。她继续说道："用这种寿司醋当做西式黄瓜泡菜的腌料来腌渍蔬菜，也很美味。

在寿司醋里加些橄榄油，再加入一点盐和胡椒粉调味，就可以做成腌渍蔬菜的料汁了。"

最后登场的一道压轴小菜是山椒佃煮。它呛辣的刺激感让人感觉非常爽快，是米饭的绝佳搭档。咸度恰到好处，吃罢仍留有清爽的余味。

"做这道小菜的最佳时节是春季。不仅非常适合搭配米饭，煎鸡蛋卷时作为调料放一些也会非常好吃。"土市夏女士轻轻地舀起了一点山椒佃煮，微笑着又说道，"这个抹在干炸食品上也很不错哦。"就像土市夏女士这样，当在家自制的美味融入了每天的日常生活，关于烹饪的奇思妙想也会层出不穷。

1 小心地卷好1根寿司细卷，切成小段后摆放到上桌的容器中，
2 将开心果碎炒一下，再和山椒佃煮、红紫苏粉一起拌进米饭里，最后攥成饭团。攥的时候不要团得太过紧实，要让饭团内部留有一些空隙。

往土市夏女士家的餐具架上一看，只见一大排密封玻璃罐，里面装着各种腌渍食品，颜色诱人，照片中从左往右分别是烧酒腌枇杷叶、苹果果子露、今年腌渍的梅子干、去年腌渍的梅子干和梅子果子露，其中，烧酒腌枇杷叶已经静置腌渍了约3个月，由于具有杀菌作用，可以稀释后用来漱口，在发生烫伤或割伤时还可以当做药水来涂抹伤口。

◇◇◇◇◇◇◇◇◇◇◇◇◇◇◇◇◇◇◇◇◇

我 的 自 家 秘 制 菜 谱 2
寿司醋（混合调制醋）

【 食 材 】
· 米醋…100毫升
· 白糖（甜菜制成的糖）…100克　· 盐…10克

【 步 骤 】
❶ 将所有食材放入锅内，开中火，煮至白糖融化时关火，这时要注意，不要让锅内液体烧沸！
　※放入冰箱中，可以冷藏保存约3个月。

【 制作寿司细卷的步骤 】
❶ 首先将米饭和寿司醋混合搅拌，做成"醋饭"，150克白米饭配不到1大匙的寿司醋，150克糙米饭则配满满1大匙的寿司醋。
❷ 将整片的海苔对半切开，取半片海苔放在寿司帘上，在上面铺展开1层米饭，再根据个人喜好放上红紫苏粉、切好的黄瓜细丝等食材，卷成寿司细卷。

我 的 自 家 秘 制 菜 谱 3
山椒佃煮

【 食 材 】
· 山椒的果实…50克　· 酱油…1大匙
· 日式甜料酒…1大匙　· 盐…少许

【 步 骤 】
❶ 山椒的果实如果还带有枝叶，则需把果实摘下来并洗净。
❷ 取1只锅，放入一些水，煮开后加入盐和步骤❶中的成品。煮10分钟左右，以去除山椒果实中的涩味，待山椒果实变软后，捞出立刻放入冷水中，洗去涩液，再用笊篱捞出，控水备用。
❸ 在锅中放入步骤❷中的成品，加入酱油和日式甜料酒，以微火慢煮，直至汤汁收净。
　※放入冰箱中，可冷藏保存约3个月，配米饭吃，或在做成饭团时加一点，也很美味，照片中的饭团里还拌入了炒熟的开心果碎和红紫苏粉。

▽ ▽ ▽ ▽

用 严 选 食 材 在 家 自 制 美 食

蔬菜

料理

近年来，人们日益注重健康，对蔬菜的关注越来越多。而蔬菜也是非常适合在家自制小菜的一类食材。【泽庵咸萝卜】作为日本腌渍类菜肴中的"基本款"，是不分时节常做常吃的一道小菜。深受女性朋友们欢迎的番茄，可以轻松地做成【番茄干】，如果能使用甜度在10度以上的香甜番茄就更棒了。要做【德式酸圆白菜】，建议选用产自北海道的越冬圆白菜。非常适合搭配米饭的【酱油腌金针菇】，其实自己在家也能做。如果喜欢喝洋酒，【西式黄瓜泡菜】会是很不错的下酒小菜。用再普通不过的黄瓜，就能制作出十足的美味。说到简单好做的腌菜，推荐大家做【盐水腌茄子】。

【柚子胡椒】可谓一道"万能酱料"，做牛排或鱼等肉菜时都可以放一些来调味。【酱油腌大蒜】不论单独吃还是放入其他菜肴中都很美味，做时最好选用青森县出产的田子大蒜。夏季产的大蒜新鲜耐保存。说到"耐保存"，【韩式泡菜】一定不会输的。想吃健康点心的话，可以做【红薯干】。选用德岛县产的"鸣门金时"红薯，保留其天然的甘甜风味，做出来的味道堪称妙绝。【炸洋葱丝】做好后吃起来非常方便，值得在此介绍给大家。【福神腌酱菜】是配咖喱的基本菜肴，选用山口县出产的莲藕来做吧。最后要说到的是【大葱味噌】，用它来做烤饭团之类的菜品非常值得一试。

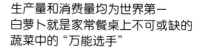
Daikon radish/白萝卜
【时令：12月—次年2月】

白萝卜

生产量和消费量均为世界第一
白萝卜就是家常餐桌上不可或缺的
蔬菜中的"万能选手"

　　一年到头，白萝卜在各个季节均有应
季品种栽种，是终年均可享用的一种蔬菜。
据说，其原产地为地中海及中亚一带，后经
中国传入了日本。白萝卜在日本扎根后，各

根和叶都能吃
食用起来毫不浪费
富含消化酵素
是药食同源的
"天然肠胃药"

Check! ▷　挑选时的要点

① 如果还带着叶子，则要选叶子新鲜
油绿、水灵挺实，感觉"有精神"
的。如果叶子变黄，表明已经不新
鲜了。

② 如果不带叶子，则要查看叶子根部
的情况，这样也可以判断其新鲜程
度。如果叶子根部已经变成茶色，
则说明收获后已经储得比较久了。

处理白萝卜的要领

▶ 根据部位区别使用

白萝卜的上半部较甜，越往下辣味越
重，所以，推荐将白萝卜的上段生吃，
中段用来炖煮，下段用来腌渍或当做
调料。

▶ 顺着纤维的走向切口感会更好

顺着白萝卜纤维的走向切，就能品尝
到咯吱咯吱的爽脆口感。如果切成薄
片后再改成丝，则会得到相反的柔软
口感。根据个人喜好来选用不同的切
法吧。

地都盛行着对其品种的改良工作。至今，日本的白萝卜已有超过100个品种，不过主要的售卖品种是日本白萝卜、欧洲白萝卜和中国白萝卜这3种。

从很久前，白萝卜便被人们当做"天然的助消化药"而加以珍视。这是因为白萝卜含有丰富的消化酵素——淀粉酶、蛋白质分解酵素、蛋白酶，以及维生素C等有益物质，据称有促进消化，预防胃炎、胃胀等功效。酵素及维生素遇热容易被破坏，所以如果想更有效地摄取白萝卜中的有益成分，应尽量生吃。白萝卜皮下维生素C的含量非常丰富，所以不去皮，直接把皮及皮下的部分擦成白萝卜泥是比较理想的食用方式。剩下的中心部分推荐切成细丝。

萝卜的主要种类

圣护院萝卜
Sho-goin daikon

京都市左京区圣护院出产的一种"京都蔬菜"。由于京都的土质很硬，萝卜的根部不能充分伸展，所以长成了这样的形状，甘甜味浓郁而质地柔软，但也不易煮烂。

黑萝卜
Raphanns niger

这个令人不可思议的品种表皮发黑，里面的肉却是白色的，以紧实的肉质和独特的辣味为主要特征。但烹饪时像普通白萝卜那样去做就可以了。此品种主要依靠进口。

樱桃萝卜
Radissyu

播种约20天后便可以收获，因而在日语中还有"二十日大根"的别称。以爽脆而辛辣的口感为主要特征，比较适合生吃。

沙拉萝卜
Lady salad

整体辛辣味都比较淡，且纤维柔软的小型萝卜。主要特征在于鲜嫩的粉红色表皮，此品种主要产于神奈川县三浦半岛。

迷你白萝卜
Mini daikon

这种切法比较容易切出厚度均匀的片，所以比较简单。此品种特征在于长度仅有5—7厘米，且水分充足，口感水嫩多汁，既可做沙拉或意式冬季蔬菜蒸锅等，又可炖煮或生吃，做法丰富多样。

有代表性的产地及品牌

① 千叶　冬白萝卜
产量在日本数一数二，到了冬季带着叶子直接出产的白萝卜会增多，属于露天栽培的品种。

② 神奈川　冬白萝卜
这里出产的白萝卜占了青头白萝卜中的大半，不过白头的三浦白萝卜作为原有品种，也仍有少量种植。

③ 鹿儿岛县　樱岛白萝卜
在鹿儿岛全县都算得上特产的樱岛白萝卜，一个可重达15千克以上，是日本最大的白萝卜品种。

④ 北海道　夏白萝卜
占日本夏白萝卜总产量的47%。7—8月收获的尤其美味，不过冬季收获的味道也很不错。

切白萝卜的要领

▶ 纵切成圆片
将白萝卜横向放置，沿着垂直于纤维的方向，自上而下直着下刀切成圆片，厚度为1—3厘米。

▶ 切成半月形的片
纵切成片后再对半切开即可，用这种切法比较容易切出厚度均匀的片，所以比较简单。

保存白萝卜的要领

▶ 白萝卜要放置在阴凉通风处保存
白萝卜内部的水分会从叶子蒸发出去，营养成分也会随之流失。所以白萝卜买来后应该要马上切掉叶子保存，如果是整根的白萝卜，保存时应该用报纸包起来并保持直立，如果是已经切过的，则应该用保鲜膜包裹起来保存。

▽ ▽ ▽ ▽ ▽ ▽ ▽

【工 具】
- 锅 · 大碗 · 塑料袋
- 腌渍用的容器（容积约15升）
- 温度计 · 锅盖
- 大石头等重物（约16千克）

【食 材】
- 干燥后的白萝卜…8千克（约15根）
- 盐…400克（白萝卜重量的5%）
- 米糠…500克 · 干燥后的柿子皮…30克
- 煮汤汁用的海带…2条

【用于调配米糠的食材】
- 盐…100克 · 水…600毫升
- 辣椒…6根 · 米糠…600克
- 盐曲（译者注：一种日本传统的发酵型调味料，被誉为"万能调料"）…100克

【步 骤】

① 将辣椒对半剖开，在锅中倒入水，烧开后放入盐和剖开的辣椒，使盐完全溶解，关火，使锅自然晾凉。待水温降至约65℃时，取大碗，加入米糠，用手将盐曲弄松散，并从碗的正中间下到米糠里。然后倒入晾好的盐水。

② 将米糠和盐水像和面那样充分揉搓，使混合均匀。然后用塑料袋包起来，静置1晚。

③ 将海带和柿子皮切成约2厘米宽的条，将干燥的白萝卜的叶子切下来，备用。

④ 用烧酒将腌渍用的容器仔细擦拭一遍，在该容器底部均匀地撒入盐、干燥的米糠、海带条和柿子皮条。

⑤ 在 ④ 的成品上方平铺上干燥后的白萝卜。注意要用手把白萝卜适当弯折，平整地码放，不要让它们相互重叠。进而，让米糠、海带条、柿子皮条、混合后的米糠、白萝卜按从下到上的顺序一层层叠起来。
  ＊除了干燥的食材之外，加入比较潮湿的米糠，可以起到"启动水"的作用，有效控制腌菜的咸度，并增加其甘甜味。

⑥ 每次需要把白萝卜按压紧实时，需用干净的塑料袋盖在容器上面，用全身的力量充分压实，直至白萝卜之间没有空隙。

⑦ 在 ⑥ 的成品上方盖上1层萝卜叶子，盖上锅盖，再压上重量约为白萝卜2倍的重物。

Column

▽ ▽ ▽ ▽ ▽ ▽ ▽

借助干燥的水果皮
最终腌出的味道会更好

做泽庵咸萝卜时，如能放入些水果的皮，会更有风味，这里使用的果皮需要先风干一下，可以平铺在竹浅筐上，也可以用衣夹夹住，自然风干直至果皮变得干燥、硬脆。尤其是柿子皮要充分干燥，以减少其苦涩味，便于之后的使用。此外，选用苹果或柑橘等水果的皮也很不错。

制作时的要点

充分混合 **下料** **压实** **盖上叶子**

②在这一步骤中，如果混合得不够充分、均匀，腌渍就可能失败，所以务必要留意。 ④为了给腌渍用的容器消毒，一定要用烧酒全面仔细擦拭一遍。 ⑤每次压实时，都要充分利用全身的力量去压，压至白萝卜之间没有空隙。 ⑦在最上面覆盖上白萝卜的叶子，这样叶子中的香气、精华也会渗入到泽庵咸萝卜中，以增加风味。

制作时的要点

预腌

制作"甜米酒"

腌渍

❶需预腌2天时间,如果省去这一步骤,味道就会大打折扣,所以一定要严格按照时间进行预腌。❺做成的"甜米酒"别具风味,为曝腌咸萝卜增添了丰富的味道,使它不再只是一款平淡的腌渍类食品。❻腌渍时还可根据个人喜好加入水果的皮或海带等,以增添香味。

Column

米曲是什么?

让米曲霉在米上繁殖生长,便会形成米曲。米曲的用途十分广泛,不仅可以制作腌渍类菜肴,在制作甜米酒和味噌时也常会用到。其主要特征在于自然的甘香味,干燥的米曲需要用手掰开,弄得松散、细碎后使用。

【工具】

- 用于保存的容器　• 电饭煲　• 锅盖
- 大石头等重物 (约2千克)　• 碗　• 温度计

【食材】

- 白萝卜…1千克　• 水…800毫升　• 盐…50克 (白萝卜重量的5%)
- 米曲…200克　• 糯米…1合 (约180克)

【步骤】

① 将白萝卜用水洗净,去皮,纵向剖开,再切成能放进容器中的大小,放入保存容器中,按压紧实,撒上盐,在上面压上清洗干净的大石头等重物,预腌约2天时间。

② 将糯米淘洗一下,加入适量的水煮成糯米粥。

③ 用手将米曲充分弄松散,直至呈细碎的粉末状,放入碗中备用。在糯米粥中加入米曲,用木勺等工具充分搅拌均匀。

④ 将③中的成品用电饭煲进行保温处理,这时如果盖上盖子,煲内的温度会过高,所以应掀开盖子,用湿毛巾代替盖子铺在顶上。

⑤ 此时观察味道的变化,会发现香甜味渐渐地散发出来了,还有一股清爽的独特香气。

⑥ 将①中预腌2天左右的白萝卜块取出,并将表面的液体仔细擦拭干净,将保存容器中腌出的汁液倒掉,洗净并仔细擦拭干净,将预腌好的白萝卜块放入保存容器中按压紧实,从上面倒入⑤中做好的"甜米酒",此时还可根据个人喜好加入适量的柚子皮、辣椒或海带等,以使曝腌咸萝卜的风味更加丰富。

曝 腌 咸 萝 卜

Recipe
/
019

白萝卜干

Recipe
020

【工具】
• 竹浅筐　• 擦丝器

【食材】
• 白萝卜…½根

【步骤】
① 白萝卜不去皮，用擦丝器擦成细丝。
② 将擦好的成品平铺在竹浅筐中，在阳光下或空调下风干。
　＊不时上下翻动，可以风干得更快。

制作时的要点

擦 丝

平铺在竹浅筐中

①为了尽快风干，切之前不要洗。②在这一步骤中，透气性好的竹浅筐是比较合适的容器。如果在太阳下不好风干，也可以借助空调，将空调设置在"送风"或"制热"等常用档位即可。

风 干

另一道利用白萝卜干做成的佳肴

台式菜肉蛋卷

【食材】
• 白萝卜干…20克　• 木耳…2克
• 青椒…1个　• 生姜…½块　• 鸡蛋…3个
Ⓐ ┌ 蟹肉罐头（小罐的）…1罐（约80克）
　├ 盐…⅓小匙
　├ 胡椒粉…适量
　└ 酒…1小匙
• 芝麻油…20毫升（1大匙+1小匙）
• 盐…适量　胡椒粉…适量
Ⓑ ┌ 豆瓣酱…1小匙
　└ 番茄沙司…1大匙

【步骤】
① 将白萝卜干用水仔细清洗干净。木耳用水泡发，去除根部，切成便于食用的大小片。将青椒和生姜切成丝。
② 将鸡蛋打在碗中，打散。加入Ⓐ中所述调料，充分搅拌均匀。
③ 将平底煎锅烧热，倒入1小匙芝麻油，下入①中的成品翻炒，炒至白萝卜干变为焦黄色时，加入少许盐和胡椒粉调味。
④ 在平底煎锅中加入1大匙芝麻油，倒入②中的成品，用长筷子大幅搅动，直至食材半熟，即做成菜肉蛋卷，盛上桌的容器中，充分搅拌混合后，再加入Ⓑ中所述调料调味即可。

自制美食之食材产地报告

白萝卜寿司

与高级的芜菁寿司形成鲜明对比，将白萝卜和鲱鱼在曲中腌渍而成的白萝卜寿司，是属于家常的美味。在这道寿司中使用产自北海道的鲱鱼，是从北前船时代沿袭下来的传统。

如今，白萝卜寿司已使用卫生标准更高的现代化设备来制作了，但它们的味道，很大程度上还是取决于匠人们的手艺。制作白萝卜寿司使用的是当地的"金城白萝卜"，且会严格选用石川县内出产的。白萝卜以外的食材，比如去掉头尾的胡萝卜，则选用了北海道产的，在当地干燥后运来使用。【联系方式】石川县金泽市弥生1-17-28 ☎ 076-241-4173（不定期休息）

恪守与传承，以昔日的传统做法制成的金泽白萝卜寿司

在从金泽市中心区域跨过犀川后的一片高地上，坐落着一家名为"四十万谷本铺"的店铺。这是一家因芜菁寿司和白萝卜寿司而声名远播的寿司老店。这两种寿司受到众多文化名人的喜爱，其至包括前田殿下那样的大人物。当地民间庆祝喜事或宴请宾客时也都会准备这两种寿司，可见对于金泽的人们来说这是由来已久的味觉之缘。从大正时代起，这一地区的家庭便盛行自制寿司，各个家庭均有密不外传的独家配方。时至今日，人们多已不再费心劳力地自己腌渍食物了，而专业的店铺还在恪守与传承着那份当年的味道。

这家店里使用的蔬菜类食材，生产过程从在田里种植开始就被店主严格管控。腌渍时所使用的曲，来自从明治时代经营至今的老店"黑石种曲店"。运用多年传承下来的技法，热情地钻研，用毫不气馁的态度去做事业，才最终成就了金泽首屈一指的白萝卜寿司。

原产地特有的自制美食

同样值得细细品味金泽特有的芜菁寿司

芜菁寿司是一种发酵型寿司，制作时需先将芜菁用盐腌渍一下，切成薄片，夹在完整的芜菁之间，然后和切成细丝的胡萝卜及海带等食材一起放入米曲中进行腌渍与发酵，曾几何时，当地到了冬季就会受到季风的影响而风呼海啸。大雪封山，芜菁寿司便是这一时节的保存食品。芜菁的甘甜风味与鲱鱼富含脂肪的醇香浑然一体，味道非常独特。

Tomato/番茄
【时令：6—8月】

番 茄

烹饪方法丰富多样
不仅可演绎餐桌上的百变菜式
用来制作保存食品也很有乐趣

　　很久以前，番茄便在欧洲被人称为"黄金苹果""爱情苹果"。现在受到了全球人民的喜爱。番茄的原产地是南美洲的安第斯山脉一带，在公元16世纪传入欧洲后，便在世

促进食欲
其美容效果备受喜爱
鲜亮的红色
是富含营养的标志

Check!
▽

挑选时的要点

① 对于个头差不多大的番茄，应选相对较重的，这样的番茄大多果肉饱满，味道也更甜。

② 着重查看一下顶部和蒂部，没有变色及破损，且整个形状圆润饱满的为佳。

③ 从底部向蒂部有放射状条纹的，质量更佳。

处理番茄的要领

▶ 想要快速去皮
最好用开水余烫一下

在番茄的顶部用刀轻轻地划出一个"十"字，准备沸水与冰水。先将番茄放入沸水中余烫几秒钟，待皮开始剥落后，迅速捞出浸入冰水中镇凉，这时再用手剥皮就很方便了。

▶ 番茄子也不要舍弃
可以灵活利用

不想保留番茄子的时候，以及希望所做的菜肴不带汤汁时，可以先用勺子等工具把子取出来，不过也不要舍弃，不妨在做料汁时灵活利用。

界各地广泛传播开来。日本市面上的番茄，大多是在没有完全成熟时就被提前摘下，而后在运输、售卖的过程中继续变熟的。现在售卖的番茄中，被称作"青摘番茄"的品种比较多，便是出于这个原因。不过近来，叫做"桃太郎"的完熟品种也日益普遍起来了，这种番茄酸甜均衡、十分可口。

番茄标志性的红色，是因为富含番茄红素而显现出来的。番茄红素具有抗氧化的作用，并使番茄有一定的抗癌效果。番茄中柠檬酸及苹果酸的含量也很丰富，这些物质具有帮助机体缓解疲劳的功效。另外，市面上出售的番茄汁大多选用富含红色系胡萝卜素的番茄品种制作而成，因此在宿醉未消的第二天早上，以及感觉疲劳的时候都可以喝一些来帮助缓解。

番茄的主要种类

桃太郎
Momotarou

个头大且内部果冻状的部分较多，味道酸甜适中，现在市面上出售的番茄几乎都是这一品种，完全成熟后颜色会变得通红。

番茄一号
First tomato

内部果肉较多，而果冻状的部分较少，所以酸味较轻，不过，质地比较挺实，易于保持形状，所以适合做三明治的馅料，也很适合先切再烹饪。

樱桃番茄
Rocket mini

味道较甜，最低甜度都能达到7度，内部果冻状的部分较少，果肉较厚，口感水嫩多汁。生吃自不必说，加热烹饪也是可以的。在日本的正式名称为"迷你番茄Aiko"。

水果番茄
Fruit tomato

甜度在8以上的番茄的统称。为了提高甜度，在种植时几乎不浇水，从而形成了甘甜与清香的醇厚味道。

绿斑马番茄
Green zebra

一种原产于美国的番茄，以鲜绿的颜色和纵向的纹理为主要特征，由于几乎没有甜味，且肉质紧实，非常适合烹制法式嫩煎等需要加热的菜肴。

有代表性的产地及品牌

① 熊本的桃太郎

收获量位居日本全国首位，尤其到了冬季，当地天气温暖而日照充足，在这样有利的气候条件下，秋冬季节出产的桃太郎格外美味。

② 爱知县的"番茄一号"系番茄

果实顶部尖尖的品种，在玻璃温室中栽培，以丰桥及渥美半岛为主要产地。

③ 福岛的夏秋番茄

夏季的番茄主要产自高寒地带，雨水会造成番茄植株生病及品种恶化，为了避雨，温室栽培已成为主流。

④ 千叶的中玉番茄

收获量可进入日本全国前5名。在日本，个头大小中等的番茄品种有增多的趋势，如名为"千叶SANSAN"的新品种。

切番茄的要领

▶ 纵切成圆片

将番茄放倒，横向放置，沿纵向切成圆片，片的厚度在1厘米左右为宜。

▶ 切成半月形的瓣

先去除蒂部，然后将番茄直立，纵切成6—8等份，这种切法可以保留一部分番茄的嚼劲。

保存番茄的要领

▶ 颜色还青的番茄应在常温下催熟

还带有一些青绿色的番茄应置于常温环境中。如果是已经完全成熟的，则应用保鲜膜包裹起来，放到冰箱内冷藏保存。不过，注意温度不要过低，否则番茄的甜度会下降。

Recipe

/021 番茄干

Column

▽▽▽▽▽▽▽

【工 具】
- 烤箱
- 烤箱用垫纸

【食 材】
- 樱桃番茄…2袋
- 盐…适量

【步 骤】
① 将樱桃番茄对半剖开，用勺子将果肉挖出去除。
② 在烤盘上铺上烤箱用垫纸，间隔均匀地码放好樱桃番茄，使切面朝上，然后撒上少许盐。
③ 放入烤箱，以100—110℃的温度烤制1—1.5小时，将水分烤干即可。
　＊盐不仅可以帮助杀出水分，还能起到提升番茄甜味的作用，所以请尽量选用品质较好的盐。

用橄榄油腌渍一下
能够保存得更久

将番茄制作成番茄干，能够浓缩其甘甜味，突出原本的果味。将番茄干用橄榄油及香草等植物香料腌渍一下，再放到低温避光处，则可保存2—3个月。番茄干与面粉很搭配，做辣炒意面时放一些，也会很美味，不仅可以直接吃，与天然奶酪相搭配，还可当做一道红酒配菜。

佛卡恰

▽ ▽ ▽ ▽ ▽ ▽ ▽

【食材】

- 番茄干…8—12个

【面团食材】

- 高筋粉…250克
- 低筋粉…50克
- 盐…1小匙
- 白糖…2小匙
- 干酵母…3克
- 橄榄油…1大匙
- 水…180毫升
- 橄榄油…适量

【步骤】

① 首先和制面团，将高筋粉、低筋粉、盐、白糖、干酵母混合，加入水，充分混合、揉搓，至基本形成块状的面团，加入一大匙橄榄油，继续混合、揉搓，而后从碗中取出面团，置于案板上擞20分钟左右，直至面团呈光滑完整的一团。

② 将面团置于案板上擀薄，直至透过面片能看到下面的案板为止。此时再把面饼揉回团状，至其光滑圆润后放回碗中，在面团上盖上1条干净的湿毛巾，将碗口用保鲜膜密封起来，醒发40分钟左右，进行第一次发酵。

③ 试着用1根手指按进面团里，如果按出的洞能够保持住形状而不弹回，就可以再次揉面了。这次需把面再次揉成光滑圆润的面团，且排出其中的空气，而后再盖上湿毛巾，醒发15分钟左右。

④ 将面团再次取出置于案板上，用擀面杖擀开，直至面饼的大小与烤盘相符合。再盖上湿毛巾，醒发20分钟左右，进行第二次发酵。

⑤ 在面饼上用手指按出小洞，填入适量的橄榄油，将烤箱预热至200℃，放入面饼，烤制约20分钟，烤好出炉时迅速在表面码放上番茄干即可。

制作时的要点

| 去除番茄的果肉 | 码放在烤盘中 | 撒盐 | 用烤箱加热 |

❶一定要将番茄中果冻状的部分挖出，这样做出的番茄干才能完全干燥，从而能够长久保存。 ❷如果直接在烤盘上码放番茄，烤制时就会黏在烤盘上，所以一定要先铺好烤箱用垫纸。盐既能杀出水分，又能突出甜味。要注意撒盐的量，每个剖开的番茄上撒一小撮即可。 ❸将烤箱调制低温，慢慢烤制。如果放在太阳下晾晒，则经过4天左右就可以完全干燥了。

Cabbage／圆白菜

【时令：2月、4月、夏季】

在罗马时代就被称作"穷人的药"
是药食同源的保健蔬菜
菜心尤其甘甜，营养价值很高

　　圆白菜特有的维生素U，在日语中也被称为"圆白菜素"，可以帮助修复机体内破损的黏膜组织，具有抑制溃疡的功效。圆白菜一直以来都被称为蔬菜中

冬春两季的圆白菜
甘甜味尤其突出
更含有丰富的维生素
和膳食纤维

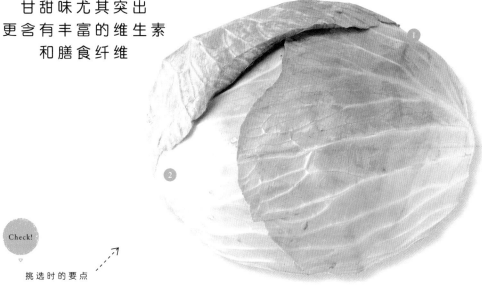

Check!

挑选时的要点

① 对于个头差不多大的圆白菜，应选其中相对较重的，较轻的圆白菜很可能太熟，菜叶会变良、变硬。

② 要选质地紧实，菜叶一层层紧密地团在一起的，如果能剖开看到菜心，则菜心的高度占整体高度⅓以下的为佳。

③ 底部的菜根与1元硬币（约26毫米）大小差不多的为佳。再大可能就太熟了，口感也会变差。

处理圆白菜的要领

▶ 可以边用流水冲洗
边剥掉菜叶

剥圆白菜叶时应先用刀在菜心和菜叶根部相连的地方切几刀，再用手剥掉菜叶，如果菜叶不好剥开，可以边在流水下冲洗边剥，就方便得多了。

▶ 比较柔软的菜叶
可以用手撕

柔软的菜叶直接用手撕就可以了。比起用刀切，用手撕会增大断面的面积，从而使菜叶更易入味。如果使用酱汁来调味，手撕的方法也会使酱汁更容易附着在菜叶的表面，让做出的菜看更加美味。

的"肠胃药"，便是出于此因。此外，圆白菜中还富含能够提高机体免疫力的异硫氰酸盐、维生素C等成分。如果将圆白菜长时间放在水中浸泡，这些营养物质便会溶出而流失，所以在处理时一定要注意选择恰当的方式。

圆白菜从品种上来说大致可分为春甘蓝和冬甘蓝两类。其中，春甘蓝形状较为圆润，味道甘甜而水嫩，因此推荐制作成沙拉等来生吃。而冬甘蓝形状稍扁平一些，菜叶卷曲而挺实，久煮都不易软烂，所以常用来制作一些炖煮类菜肴，例如圆白菜卷及蔬菜浓汤等。

西蓝花、花椰菜以及芜菁，其实也与圆白菜是同种植物。市面上常见的圆白菜还有菜甘蓝、抱子甘蓝及小绿甘蓝等多个品种。

圆白菜的主要种类

春甘蓝
Spring cabbage
口感爽脆，生吃时甘甜味就比较足，如果加热，吃起来还会更甜。大量施用有机肥，是圆白菜中稀少珍贵的品种。

抱子甘蓝
Brussels sprouts
直径仅有2—3厘米的小型品种，由于围绕在茎的周围可长50—60个果实，也被称作"抱子甘蓝"，较之普通圆白菜味道更甜，质地也更加柔软。以略带苦味为主要特征。

小绿甘蓝
Petti vert
不结成球状的抱子甘蓝，外形特征明显，菜叶并不卷曲，而是像玫瑰的花瓣一般向外舒展开来，味道甘甜，且加热后很容易变得软烂，适合做日式、中式、西式等各种菜肴。

紫甘蓝
Red cabbage
表面呈紫色，而叶肉为白色，较之普通的圆白菜个头稍小，菜叶更挺实，卷得更为紧密，用沸水焯煮后色素就会流失，所以多用于生吃。

皱叶甘蓝
Savoy cabbage
出产于法国萨瓦地区，味道甘甜，嚼起来非常爽脆，由于叶片表面皱缩，在日本也被称作"皱纹甘蓝"。

有代表性的产地及品牌

① 爱知　冬甘蓝
作为冬季作物，全年的产量位居日本全国首位，在丰桥一直到渥美半岛、三河地区都有种植，是冬季作物的代表。

② 群马
嬬恋高原圆白菜
作为夏秋季节作物，产量位居日本全国首位，在村内，也被称为「玉菜」，种植于海拔800—1,500米的高原上。

③ 千叶　春玉
收获季为初春至6月左右，较之冬季收获的圆白菜，个头只有不到一半大小，以铫子市为主要产地。

④ 神奈川　春玉
叶子卷曲略松散，外形呈球状，叶子水灵灵的，且颜色直至内部都是绿色的，以三浦市为主要产地。

切圆白菜的要领

▶ 切成月牙形的块

将圆白菜直立，垂直下刀，纵切成6—8等份，菜量较大时，这种切法最为适合。

▶ 切丝

如果需要切的量较大，可以先纵切成4份，再放倒切丝。如果需要切的量比较少，把2—3片菜叶重叠起来切丝即可。

保存圆白菜的要领

▶ 密封起来
防止变干
圆白菜应用报纸或保鲜膜等紧紧地包裹起来，放到冰箱内冷藏保存。由于圆白菜的断面很容易变坏，所以应尽量整颗整颗地完整保存。如果已切开了，则应在菜根的中心处切几刀，这样再放置时断面处就不会再度生长而鼓起来了。

Recipe

/022 德式酸圆白菜

▽ ▽ ▽ ▽ ▽ ▽ ▽

【工 具】

· 碗

【食 材】

· 圆白菜…½颗（重约600克）
· 盐…圆白菜重量的2%
A 「 · 葛缕子种子…½小匙
　 └ · 莳萝种子…½小匙
· 桂皮…1片
· 红辣椒…1根
· 白酒醋…¼杯

【步 骤】

① 将圆白菜切成较粗的丝，置于大碗中，用盐揉搓一下。
② 加入A中所述调料，进一步充分揉搓，再加入桂皮和红辣椒。
③ 将步骤②中的成品用保鲜膜包裹起来，压上重物，静置约1天时间。
④ 待圆白菜出汤，变蔫后，加入白酒醋，充分搅拌混合，最后置于保存容器中，密封起来腌渍。

Column

▽ ▽ ▽ ▽ ▽ ▽ ▽

白酒醋可以促进酸圆白菜的熟成

当圆白菜渗出的汤水量和最初用盐揉搓后的圆白菜分量差不多时，就是加入白酒醋进一步腌渍的时候了。加入白酒醋，可以使酸圆白菜更快腌渍熟成。使用这一方法时，3—4天后就可以享用到德式酸圆白菜的醇厚美味了。如果喜欢更温和的酸味，也可以稍稍减少白酒醋的用量。

另一道利用德式酸圆白菜做成的佳肴

德式酸圆白菜配培根浓汤

▽ ▽ ▽ ▽ ▽ ▽ ▽

【食 材】

· 德式酸圆白菜…150克
· 洋葱…½个
· 大蒜…1瓣
· 培根…80克
· 扁豆（水煮扁豆罐头）…80克

A 「 · 水…2½杯
　 · 白葡萄酒…1大匙
　 · 浓汤宝…1块
　 └ · 百里香…适量
· 欧芹…适量
· 橄榄油…适量
· 盐…适量
· 胡椒粉…适量

【步 骤】

① 将德式酸圆白菜用水迅速地冲洗一下，然后充分挤出其中的水分，将洋葱和大蒜切成较薄的丝或片，培根切成约1厘米宽的条状。
② 在锅中倒入橄榄油，烧热后加入步骤①中处理好的德式酸圆白菜、洋葱和大蒜，翻炒至菜变得软塌时加入培根，再继续翻炒。
③ 向步骤②中的成品中加入A中所述调料，继续炖煮，加入盐和胡椒粉调味。
④ 将欧芹切成碎末，向步骤③的成品中加入扁豆，煮开后加入欧芹末。

Part.2
蔬菜篇
▽ ▽ ▽ ▽

016

圆白菜

制 作 时 的 要 点

切丝

加盐并揉搓

加入调料

压上重物

① 为了在之后的步骤中将水分充分杀出，使菜丝变蔫，这一步要切成较宽的长丝，加盐后要轻轻地揉搓，将盐均匀地揉到所有菜丝上。　② 加入调料，将调料和盐一起揉搓，桂皮和辣椒要最后再放。　③ 重物的重量与腌渍用的石头一样。

Mushroom/蘑菇

【时令：3—5月、9—11月】

蘑菇

香味浓郁的蘑菇
是使用方便的天然调料
干燥后还可持久保存

　　蘑菇种类不同，味道和成分也多少会有些差异。所以如果把几种蘑菇放在一起烹制，就能从整体上提升菜肴的味道。由于这种食材很娇嫩，在处理和保存时都要多加留意。

低卡路里的蘑菇
食用的最佳时节是春、秋两季
春季味道醇厚
秋季香气浓郁

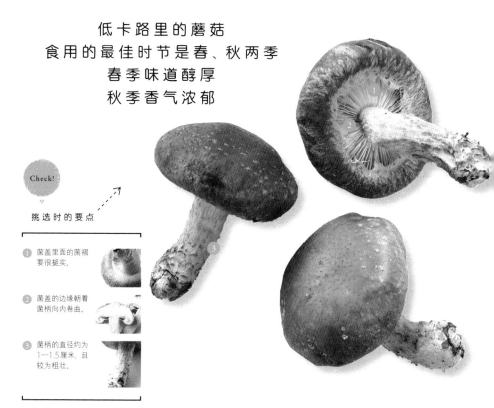

Check!
▽

挑选时的要点

➊ 菌盖里面的菌褶要很挺实。

➋ 菌盖的边缘朝着菌柄向内卷曲。

➌ 菌柄的直径约为1—1.5厘米，且较为粗壮。

处理蘑菇的要领

▶ 千万不要用水洗！
污垢要用刷子刷掉

如果蘑菇上带有污物或杂质，要用小刷子或厨房纸巾等轻轻去除。菌盖里面的菌褶内容易积存污垢，需格外留意。

▶ 多种蘑菇一起做
就会美味倍增

将多种蘑菇放在一起做，会使做出的菜肴美味倍增。从香菇、丛生口蘑、杏鲍菇等种类中，按照个人喜好搭配组合就好。

蘑菇放久了，菌盖会舒展开，且颜色也会变黑，所以保存时要菌盖朝下、菌柄朝上放。对于一次吃不完的蘑菇，应该尽快放在竹浅筐等容器中晾晒至半干，而后冷冻保存。这样做可以将蘑菇保存1个月左右，且风味不会流失。

日本人食用香菇的历史很悠久，这种蘑菇含有"香菇多糖"，据说具有抗癌的功效。

此外，常见的蘑菇品种还有维生素B2含量尤其丰富的灰树花菌，富含矿物质的金针菇，以及带有以黏蛋白为主要成分的黏液、可帮助消化的朴蕈等。不论哪种，突出的特征都是低卡路里、高营养价值。膳食纤维可分为水溶性和非水溶性两类，而蘑菇中含有的膳食纤维多为非水溶性的，因此对缓解便秘也有一定的作用。

蘑菇的主要种类

本占地菇
Bunashimeji

生长于橡胶树或榆树等阔叶树被砍后留下的树墩，或倒伏的树干上。像是要占据地面般，一片片密密麻麻地生长，因而得名"占地"。

金针菇
Enokidake

茶色的金针菇属于纯正的野生品种，比白色的口感更筋道，更有嚼劲。别名"冬季蘑菇"。

杏鲍菇
Eringi

原产地中海一带，日本自平成5年（1993年）开始养殖。较香菇和丛生口蘑，膳食纤维含量更高，筋道弹牙的口感颇受欢迎。

平菇
Hiratake

这一品种的食用历史非常久远，在《今昔物语》《平家物语》等书中早已有记载，在蘑菇中，维生素B的含量尤为突出，也有"蚝菇"的别称。

口蘑
Mushroom

分为白色和茶色两种，但味道与成分并无差别。两种均以较细的菌柄和弹牙的口感为特征，是世界上种植最为广泛的一种蘑菇。

有代表性的产地及品牌

① 大分县　大分香菇
作为日本西北部屈指可数的蘑菇产地，这里借助山中的栎树生长出的冬菇，肉质厚实，富含香气。

② 德岛县　神山香菇
德岛县产的品牌蔬菜之一。由于采取无农药养殖，该品种肉质厚实，香气浓郁。

③ 岩手县　生香菇
该产地盛行菌床养殖，产量已连续10年位居全日本前5名。

④ 栃木县　生香菇
在整个关东地区都可排进前5的大规模菌床养殖中心，养殖菌床的数量多达60万块以上。

切蘑菇的要领

▶ **纵切**

将蘑菇直立，沿着菌柄的方向纵切，在每一块蘑菇上都能同时吃到菌盖和菌柄的不同口感。

▶ **切成薄片**

切掉菌柄，将菌盖部分纵切成约5毫米厚的薄片，这样的薄片既能炒又能煮。

保存蘑菇的要领

▶ **新鲜的香菇可以在太阳下晾晒后保存**

将新鲜的香菇放到太阳下晾晒，去除其中的水分后，保存期就会大大延长，营养价值也会有所提升，而后用报纸包裹起来，放到冰箱内冷藏保存即可。在常温下也可保存2—3天。冷冻并不利于保存鲜蘑菇。

Recipe

/023 酱油腌金针菇

【工具】
- 用于保存的容器
- 碗
- 方平底盘

【食材】
- 金针菇…2大包（约400克）

Ⓐ
- 酱油…3大匙
- 日式甜料酒…3大匙
- 水…3大匙
- 酒…2大匙
- 白糖…1大匙
- 醋…1—1½大匙

【步骤】
① 将金针菇的根部切去，然后按长度3等分，切成段。
② 取1只锅，加入水中煮沸，而后加入Ⓐ中的成品，煮制约2分钟后捞出，沥干水分。
③ 将锅中的水倒掉后，将A中所述食材全部倒入，煮沸，然后加入①中的成品，调至中火炖煮，直至锅内液体仅剩初始时的一半。
④ 待余热消散后，倒入保存容器中，密封起来静置1晚。

Column

保存时也可使用自封袋

这里，用于保存的容器可以选用在水中煮沸消毒后的瓶子，不过更推荐选用自封袋。将里面的空气完全挤出后密封起来，用于腌渍的料汁就会均匀地渗入金针菇中，使腌出的味道更均匀。这样在袋子里腌渍约2天后，就可以将金针菇转移到瓶子里了。随着腌渍时间的延长，金针菇表面会变得更加黏滑，就像市面上售卖的酱油腌金针菇一样。这样做好的成品可以保存2周左右。

另一道利用酱油腌金针菇做成的佳肴

酱油腌金针菇配山葵荞麦面

【食材】
- 酱油腌金针菇…2大匙
- 辣味的白萝卜…½根
- 山葵…2厘米
- 荞麦面专用料汁…适量
- 荞麦面条…80克
- 橄榄油…1大匙

【步骤】
① 将山葵去皮，切成细丝，将荞麦面条用水煮好，而后放入冷水中过凉，将辣味的白萝卜擦成泥。
② 在煮好的荞麦面中加入山葵丝和橄榄油，搅拌均匀。
③ 将②中的成品盛到上桌的容器中，再放上①②③中做好的白萝卜泥，倒上荞麦面专用料汁，根据个人喜好，再转着圈地倒入一些橄榄油。

Part.2
蔬菜篇

017

蘑菇

制作时的要点

切段

焯煮

调味

煮制

①因为金针菇煮熟后体积会变小，所以准备的时候要多取一些才行。　②将金针菇放入沸水中煮制，煮2分钟刚好，可以获得弹牙的口感。　③由于腌渍后金针菇里会杀出一些水分，这里要把味道调得浓重一些，最后保存之后也会再杀出一些水分，所以为了确保最终的成品味道不会太淡，要一直煮至锅内液体仅剩初始时的一半为止。

093

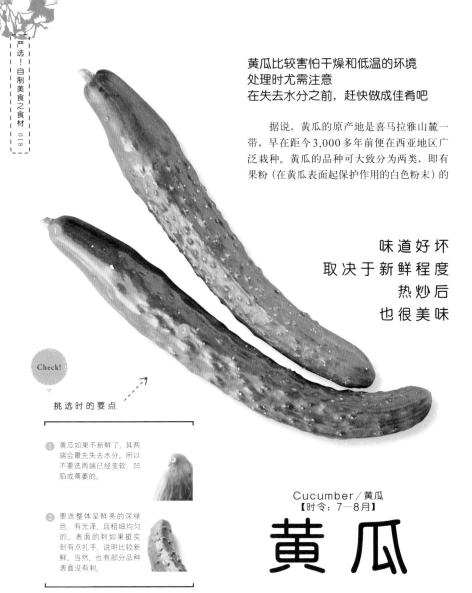

黄瓜比较害怕干燥和低温的环境
处理时尤需注意
在失去水分之前，赶快做成佳肴吧

据说，黄瓜的原产地是喜马拉雅山麓一带，早在距今3,000多年前便在西亚地区广泛栽种。黄瓜的品种可大致分为两类，即有果粉（在黄瓜表面起保护作用的白色粉末）的

味道好坏
取决于新鲜程度
热炒后
也很美味

Check!

▽

挑选时的要点

① 黄瓜如果不新鲜了，其两端会最先失去水分，所以不要选两端已经变软、凹陷或蔫萎的。

② 要选整体呈鲜亮的深绿色、有光泽，且粗细均匀的。表面的刺如果挺实到有点扎手，说明比较新鲜。当然，也有部分品种表面没有刺。

Cucumber／黄瓜
【时令：7—8月】

黄瓜

处理黄瓜的要领

▶ 加盐在案板上滚一滚
黄瓜的卖相会更漂亮

这种处理黄瓜的方法是，在案板上撒上一些盐，把黄瓜放在上面滚一滚，然后在沸水中很快地烫一下，再马上放入冰水中彻底镇凉。

▶ 使用擀面杖敲打
黄瓜会更入味

使用擀面杖敲打的话，可以弄断黄瓜的纤维，比用刀切的断面更大，因而更易入味。这样的方法适合于做凉拌菜或腌黄瓜。

"有粉黄瓜"，和没有果粉的"无粉黄瓜"。在日本市面上售卖的黄瓜多为后者。

　　黄瓜味道最佳的时节为夏季。黄瓜中95%都是水，所以在暑热时节可有效补充水分。在人身体因出汗较多而失水时，黄瓜可以补给水让机体慢慢吸收，而不会对其造成负担。黄瓜所含有的维生素C、胡萝卜素、钾等营养物质较少，但由于钾具有利尿作用，所以有一定消除浮肿，并在机体怠惰无力时恢复体力，和预防高血压的功效。黄瓜中还含有一种名为"抗坏血酸酶"的成分，它具有破坏维生素C的特性，不过在浸泡于醋中或加热至50℃以上后便会失效。所以，在将黄瓜和其他菜一起做的时候，最好能斟酌一下烹饪方式，建议加些醋或进行热炒。

黄瓜的主要种类

无粉黄瓜
Bloomless kyuuri

根据表面有无起保护作用的白色粉末，黄瓜可分为"有粉黄瓜"和"无粉黄瓜"两大类，日本市面上售卖的黄瓜以后者为主。

加贺太黄瓜
Kagabuto kyuuri

一种金泽的加贺蔬菜，主要特征是肉质厚实且质地非常柔软。生吃时，口感就像很久以前的黄瓜品种那样略带苦味。

毛马胡瓜
Kema kyuuri

以大阪市都岛区毛马町为发祥地，颜色一半偏白，另一端慢慢变深，全长可达30—40厘米的大型品种，主要特征是，颜色从顶部开始，由浅浅的白绿色渐变为绿色。

有代表性的产地及品牌

① 宫崎县
　一触黄瓜

冬、春季的产量位居日本全国首位，一触黄瓜是经过严格认证的优秀品种。

② 群马县
　赤城南麓黄瓜

全年产量位居日本全国首位，用清水培植出的赤城南麓地区的品种，现已品牌化。

③ 埼玉县
　高绿、春荣

产量可排进日本全国前3名，以县北地区为主要产地，是在以温室栽培为主流的熊谷盛行的品种。

④ 福岛县
　岩濑黄瓜

主要产地在福岛县中央，除1月以外，每个月均有出产，岩濑是夏、秋黄瓜及冬、春黄瓜的指定产地。

切黄瓜的要领

▶ 可以在侧面切出一些小口

先用刮皮刀将黄瓜皮纵向刮去几条，然后再放倒，切成1—2毫米的厚片，这种切法适合于做沙拉或凉拌菜。

▶ 其他装饰性切法

黄瓜还可以切成扇子状，或者将横断面沿中线分别从不同的方向切，分为两部分。巧妙运用这些切法，可以让菜品看起来更加美观。

保存黄瓜的要领

▶ 黄瓜比较怕冷
　一定注意储存环境的温度不要太低

黄瓜应装入塑料袋内，袋口不要密封，并保持黄瓜直立，放到冰箱内冷藏保存，这样可以保存3—4天左右。但是，千万不要放到太冷的地方。

Recipe

024 西式黄瓜泡菜

【工具】
- 用于保存的容器
- 石头等重物
- 方平底盘

【食材】
- 黄瓜…5根（1根约100克）
- 盐…黄瓜重量的2%

[A]
- 大蒜…1瓣
- 红辣椒…1根
- 胡椒粒…2小匙
- 桂皮…1片
- 多香果…适量

【腌渍用料汁所需食材】
- 苹果醋…2杯
- 水…½杯
- 白葡萄酒…½杯
- 蔗糖…120克

【步骤】
1. 将黄瓜从中间切成等长的两段，用盐揉搓一下，平铺码放在方平底盘中，倒入1杯沸水，压上石头等重物。
2. 腌渍半天左右，取出迅速地清洗一下，再擦干表面的水分，放入用于保存的瓶子等容器中，加入A中所述食材。
3. 将腌渍用料汁所需食材倒入锅中，煮沸后倒入步骤2中的成品中。待晾凉后密封起来即可。

西式黄瓜泡菜卷

▽▽▽▽▽▽▽

【食材】

- 西式黄瓜泡菜…1根
- 切成薄片的猪里脊肉…8片
- 盐…适量
- 胡椒粉…适量
- 低筋面粉…适量
- 鼠尾草…2—3根（需摘除叶子）
- 橄榄油…适量
- Ⓐ＿洋葱…½个
   胡萝卜…½根
   芹菜…5厘米
- 黄油…适量

【料汁所需食材】

- 白葡萄酒…¼杯
- 水…¼杯
- 生奶油…¼杯
- 浓汤宝…1块
- 桂皮…1片
- 盐…¼小匙
- 胡椒粉…少许
- 芥末粒酱…½小匙

【步骤】

① 将西式黄瓜泡菜沿纵向按8等分剖开，再切成长度约5厘米的段。

② 将猪里脊肉片平展开，撒上盐和胡椒粉，再薄薄地抹上1层低筋粉。在每片猪里脊肉上都放上鼠尾草和2片西式黄瓜泡菜，卷成肉卷，然后在表面抹上1层低筋粉。

③ 取1只平底煎锅，倒入橄榄油烧热，放入步骤②中的成品，煎至呈焦黄色后取出。

④ 将Ⓐ中所述食材均切成细丝，在同一只平底煎锅中放入黄油，烧热，放入Ⓐ中所述食材切成的丝，翻炒至菜丝塌软发蔫后，再下入步骤③中的成品，继续煎烤。

⑤ 制作料汁。向步骤④中的成品中倒入白葡萄酒，加入浓汤宝和桂皮，待炖煮的汤汁变得黏稠后，加入盐和胡椒粉调味，最后放入生奶油和芥末粒酱。

Column

▽▽▽▽▽▽▽

**用于保存的容器
应煮沸消毒后再使用**

直接使用玻璃瓶的话，可能会混入杂质，因此应先煮沸消毒，将水煮沸后放入瓶子，再煮20分钟左右。煮好后用干净的夹子夹出来，取方平底盘，铺上毛巾，把瓶子放在上面，自然晾干即可。

**Part.2
蔬菜篇**

▽▽▽▽

018

—————

黄瓜

⌜制作时的要点⌟

加入沸水

压上重物

加入白葡萄酒

倒入用于腌渍的料汁

①比起用温热的水连续浸泡数日，其间不断换水的做法，加入沸水的方法是一条捷径。 ②为了尽量使所有黄瓜段受重均匀，选用方平底盘等平底容器为佳。 ③酒在这里只是提升整体风味的引子，根据个人喜好选择酒的种类，就能做出那种酒的味道。用于腌渍的料汁煮沸后，要马上趁热倒入容器中，这样味道更容易渗入黄瓜中。

Egg plant／茄子
【时令：3—5月、9—11月】

茄 子

由于本身的味道很淡
茄子与各种食材都能较好地搭配
美丽的紫色也是魅力之所在

　　据说，茄子原产于印度，在公元8世
纪时传入了日本。而传入欧洲已经是公元13世
纪的事了，比传入亚洲晚了许多。

　　茄子中含有花青素，能够减少机体内的

烹调时多加一道工序
就能有效去除水分与涩味

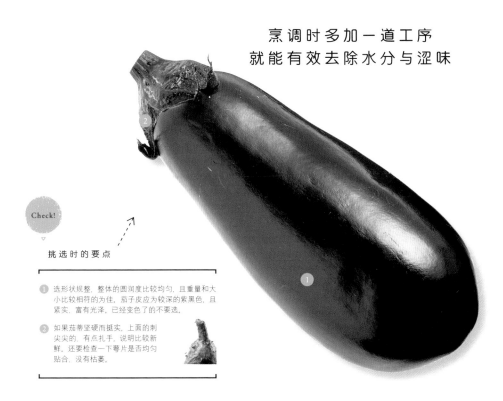

Check!

挑选时的要点

1　选形状规整，整体的圆润度比较均匀，且重量和大小比较相符的为佳，茄子皮应为较深的紫黑色，且紧实，富有光泽，已经变色了的不要选。

2　如果茄蒂坚硬而挺实，上面的刺尖尖的，有点扎手，说明比较新鲜，还要检查一下萼片是否均匀贴合，没有枯萎。

处理茄子的要领

▶ 整个烤一下
更易去皮

如果希望做出的菜肴口感更好，应先将茄子去皮。在烤架上烤至茄皮完全变黑，取下放到冷水中激一下，再用手剥皮，即可顺利地剥下。

▶ 在水中浸泡一下
可去除涩味

茄子切好后可以不马上使用，浸泡在水中可以防止其变色，还能去除涩味，浸泡后要注意充分去除水分，不要让茄子湿漉漉的。

活性氧，具有延缓细胞衰老、预防动脉硬化的功效。尤其是在夏季，活性氧在紫外线的影响下数量会有所增加，所以建议夏季每天都吃一些茄子。此外，茄子还含有可降低血压的钾，以及能够助力肝脏运作的胆碱等有效成分。

茄子的苦涩味比较重，切开后断面接触空气就会变黑，所以尽量不要省去浸泡的步骤，应在水中浸泡5—6分钟，以去除苦涩味，这一步非常重要。

茄子的品种中，最常见的是中长形茄子，此外还有将美国原产的茄子进行品种改良后得到的美茄、甘甜而水灵的水茄、长度可达40厘米的长茄等。据说，茄子的种类共有100余种。根据各个品种的特性选择烹饪方法，充分感受它们的味道魅力吧。

茄子的主要种类

千两茄子
Senryou nasu
现在市面上最多的传统品种，主要特征是形状呈椭圆形或较长的椭圆形，表皮呈鲜亮的紫色，由于没有什么特殊的味道且口感良好，几乎什么样的菜都可以做。

小茄子
Konasu
平均重量仅为10—20克的品种，主要特征是体型小，紫色深，形状多为圆形或椭圆形。也有原产于山形县的"民田茄子"和"出羽小茄子"等品种。

美茄
Bei nasu
由美种茄子改良而来的品种，较之通常的茄子，主要特征是体型更大，且带有鲜绿的叶子。肉质虽然紧实，吃时口感却很柔软，十分美味。

圆茄子
Maru nasu
其中较有代表性的是京都的"贺茂茄子"，其肉质紧实而细腻，口感良好，比较适合用油烹饪的热炒或炸。

赤茄
Aka nasu
原产于熊本地区的品种，果实和表皮都是红色的，主要特征在于口感湿润。子粒较少，较之其他品种苦涩味较轻，所以适合做烤茄子。

有代表性的产地及品牌

① 熊本县 长茄
全年的产量约为3万吨，以"筑阳""肥后小茄子"为名上市。

② 福冈县 大长茄
品牌的名称为"博多茄"，在关东的市场占有率高达35%。

③ 群马县 长卵茄
关东地区最常见的品种，别名"千成茄"，此外还有"千两""早生大名"等品种。

④ 大阪 水茄
仅在距离河流较近的泉州地区，如贝冢市及岸和田市等地栽种，现在几乎全年均可吃到。

切茄子的要领

▶ 切成滚刀块
比较随意地切成滚刀块，这种切法可以增大断面的面积，由于使茄子块更好地吸收调料的味道。

▶ 扇形切法
将茄子放倒，纵向切上数刀，然后展开，在切口中夹入其他食材，再进行烹饪。

保存茄子的要领

▶ 储存环境不要太干
茄子的成分中90%以上都是水，所以存放的时间越久，水分散失越多，就会变得干瘪。使用时应尽可能把一整只茄子一次性用完。保存时，应该把茄子一个个分别用保鲜膜紧紧地包裹起来，放入冰箱内冷藏保存。

Recipe

/025 盐水腌茄子

▽ ▽ ▽ ▽ ▽ ▽ ▽

【工具】

- 保鲜膜
- 用于保存的容器

【食材】

- 茄子…4—6个
- 盐…适量
- ·水…2杯
- ·酒…½杯
- Ⓐ ·盐…1大匙
- ·海带…5厘米
- ·辣椒…2根

【步骤】

① 将茄子用手捋着，用盐整体揉搓一下，然后把每个茄子纵向剖成两半，用水迅速地清洗一下，放入保存容器中。

② 用A中所述食材制作用于腌渍的料汁。在锅中倒入水和酒，放入海带，开火炖煮，加入盐，使其充分溶解，将锅内液体煮开，晾凉后备用。

③ 将②中的成品倒入①中的成品中，像盖锅盖一样，在容器的口上覆盖上一层保鲜膜。在最终的成品中加入一些青紫苏叶或柚子也会很不错。

Column

▽ ▽ ▽ ▽ ▽ ▽ ▽

用盐揉搓茄子时
要把所有地方都揉到

每个茄子要用到½小匙的盐，因为这道菜中的茄子并不进行加热处理，所以要用较多的盐把茄子里的水分杀出来。为了让茄子的表面都沾满盐，可以先在手心里把盐摊开，再进行揉搓。如果希望腌出的茄子颜色深浅均匀，也可以加入一些明矾。

[制作时的要点]

用盐揉搓

制作用于腌渍的料汁

腌渍

❶揉搓时动作要轻缓，如果用盐揉搓得太过用力，腌出的成品颜色就会斑驳不均，所以一定要留意。❷制作料汁时加入的酒，不必拘泥于烹调用酒，也可根据个人喜好选用蒸馏酒或烧酒等，腌出的菜会更加美味。❸腌渍时茄子要断面朝下放置，腌渍过程需要花费一些时间，大约3天之后就可以享用了。

另一道利用盐水腌茄子做成的佳肴

盐水腌茄子卡布里沙拉

▽ ▽ ▽ ▽ ▽ ▽ ▽

【 食 材 】

• 盐水腌茄子…1根
• 马苏里拉奶酪…1个
• 辣油…适量

【 步 骤 】

① 将盐水腌茄子切成约5毫米厚的片，马苏里拉奶酪切成约7毫米厚的片。
② 在上桌的容器中，重叠码放上盐水腌茄子片和马苏里拉奶酪片，再根据个人喜好浇上一些辣油即可。

Red pepper／辣椒
【时令：6—8月】

辣椒

辣椒具有刺激胃液适量分泌
以及增进食欲的功效
是各国辣味美食都会用到的香辛料

辣椒的英文名称和胡椒一样，都是"PEPPER"。辣椒原产于墨西哥，当年在哥伦布将其带入欧洲时，因其具有辛辣味道，便向人们介绍"这是一种胡椒"。在那之后，

在辣椒碱的作用下
辣椒杀菌和增进食欲的效果
立竿见影

Check!

▽

挑选时的要点

① 最关键的是，要注意光泽度与饱满程度，以及颜色的深浅。辣椒的质量基本上与形状漂不漂亮无关，不必太在意。

② 如果辣椒不新鲜了，会首先从蒂部表现出来。蒂部发黑的不要选，要选蒂部挺实且新鲜水灵的。

绿椒
Shishitou

在成熟前就收获了，颜色还是青绿色的，其实完全成熟后就会变成红色。与青椒一样，是甜味的品种，在关西地区也被叫做"青唐"，味道甘甜，口感很好。

值得了解的点滴知识

▶ 具有发汗作用的"辣椒碱"究竟是什么？

辣椒的辣味主要出自于辣椒碱，这种物质在机体内吸收后，有促进肾上腺素分泌的作用，这会使机体的能量代谢更加旺盛，血液流动速度加快，因而具有缓解发冷和消除浮肿的功效。此外，辣椒碱还具有燃烧体内脂肪等作用，经常作为广告语出现在辣椒加工食品的包装上。不过，尚无证据能完全证明吃辣椒有这种效果。

▶ 使用辣椒制成的传统调味料"KANZURI"是什么？

所谓"KANZURI"，其实是一种新潟县特产的香辛料。先将辣椒放在雪地上曝晒，去除涩味，待其变软后，再加入曲、盐及柚子等制作而成。"KANZURI"不仅可以当作烤肉和汤锅等的调料，而且与各种烹饪方式都很搭配，直接去买"KANZURI"当然是可以的，但其实它的做法也很简单，可以亲自试着做一做。

辣椒又逐渐传入了非洲、亚洲，成为各地传统菜肴中必不可少的香辛料。辣椒传入日本大约是进入16世纪以后的事情了。据说，在那些高温多湿的国度，为了使食物不易腐坏，具有杀菌作用的辣椒甚至被视为珍宝。

说起辣椒中具有代表性的成分，非辣椒碱莫属。辣椒碱能够有效提高维生素C的抗氧化作用，减少诱发动脉硬化的胆固醇，此外还具有促进胃液分泌的功效。辣椒中维生素A的含量也非常高，用油炒一下会更有利于吸收。所以如果希望大量摄取维生素A，比起水煮，更推荐将辣椒做成用油烹饪的菜肴，例如油炒辣椒及炸天妇罗等。

辣椒的主要种类

彩椒
Paprika

与辣椒有亲缘关系的品种，原产地为南美洲，维生素C含量丰富，并且也含有维生素A。彩椒肉质厚实而味道甘甜，营养价值也很高。

青辣椒
Ao tougarashi

红辣椒还未成熟时的状态，是辣味的品种。虽然尚未成熟，胡萝卜素及维生素等营养物质的含量却很丰富，常常被当做香辛料或佐料用于烹调中。

伏见椒
Fushimi tougarashi

甜味的品种，长度可达10—20厘米，也有"伏见甘长椒"的别称，主要特征是肉质厚实，且膳食纤维及维生素C的含量都很高。

万愿寺椒
Manganji tougarashi

京都特产，是由伏见椒和"加利福尼亚奇迹"辣椒杂交而成的。种子较少，味道甘甜，且有较为独特的风味。

有代表性的产地及品牌

① 栃木县　栃木三鹰
如今在日本制作一味辣椒粉与七味辣椒粉时，使用的辣椒几乎都是这一品种。

② 京都　万愿寺椒
春季的京都蔬菜品牌，被誉为"椒中之王"。当地人也称之为"万愿寺甘唐"。

③ 岛根县　奥出云椒
椒类在日本国内尚无大规模的生产基地，岛根县现正以日本第一为目标，举全县之力大搞椒类生产。

④ 高知县　绿辣椒
除依靠设施栽种之外，夏秋季节也在山间种植。由于大搞改良，催生出了更好的品种。

▶ **青椒和彩椒其实都是一家**

椒类可分为甜味品种和辣味品种两大类，青椒和绿椒、彩椒等均属于甜味品种。其中，青椒和彩椒的特征之一便是不含有辣椒碱，而辣味品种则包括墨西哥辣椒和灯笼椒等。第二次世界大战之后，随着日本人的生活日渐西化，青椒的消费量急速增长，昭和39年（1964年），青椒和彩椒首次被日本农林统计局区分开来。现在，青椒在日本的认知度和消费量也都比彩椒要高。

▶ **冷冻保存**
更有利于保持辣椒的风味

保存辣椒时，通常放置在干燥处即可，但如果之后还希望能够生吃，则最好的保存方法是一个个分别放入密闭容器中，冷冻保存起来。

▽ ▽ ▽ ▽ ▽ ▽ ▽

柚子胡椒

【工具】

· 碗　· 食物料理机　· 用于保存的容器

【食材】

· 绿椒…150克　· 米曲（生的）…150克　· 盐…75克
· 黄色柚子的皮…4—5个柚子的量
· 柚子汁…1个柚子的量

【步骤】

① 将辣椒切成大小适当的块放入食物料理机中，打成细碎的末。

② 将步骤①中的成品取出放入碗中，加入盐和米曲，充分搅拌混合
均匀后，放入用于保存的容器中。

③ 将黄色柚子的皮切成细末，与步骤②中的成品混合起来，再次放
入食物料理机中打一下。

④ 在步骤③的成品中加入榨好的柚子汁即可。

另一道利用柚子胡椒做成的佳肴

柚子胡椒料汁配鸡胗沙拉

▽ ▽ ▽ ▽ ▽ ▽ ▽

[食 材]

Ⓐ
- 柚子胡椒…2小匙
- 醋…1大匙
- 橄榄油…2½大匙
- 白糖…适量
- 鸡胗…200克（简单处理后切成薄片）
- 盐、胡椒粉…各适量
- 杏鲍菇…1个

Ⓑ
- 酱油…1小匙
- 大蒜…1瓣
- 盐、胡椒粉…各适量
- 橄榄油…2小匙
- 醋…2小匙
- 发芽后的嫩菜…1包

[步 骤]

① 首先制作料汁，将A中所述食材全部混合起来，搅拌均匀。

② 将鸡胗简单处理一下，切成薄片，加入盐和胡椒粉作为底味，静置腌渍2—3小时。

③ 取平底煎锅，倒入橄榄油，烧热，下入 中的成品，烤至食材呈焦黄色，将杏鲍菇拦腰切成两段，再切成薄片，放入锅中翻炒。然后加入B中所述食材，拌炒均匀后淋入一点醋。

④ 在发芽后的嫩菜上洒上一点醋，用水洗净后沥干水分，盛入上桌的容器中，将 中的成品码放到发芽后的嫩菜上，最后将 中的成品淋在菜肴上即可。

Column
▽ ▽ ▽ ▽ ▽ ▽ ▽

米曲使味道温和、可以使菜肴更易保存

米曲不仅能使菜肴味道更加温和和醇厚，还可以将夏季时令的辣椒一直保存到柚子下来的冬季，由于跨越了季节。使用米曲能够促成这道菜肴的熟成。如果使用干燥的米曲，需要先倒入一些温水，使其刚刚没过米曲，浸泡上约3个小时来使米曲恢复，现在，由于食材都可以很方便地一次性购买到，其实不加入米曲也可以。

制 作 时 的 要 点

打成细碎的末

加入盐和米曲

加入柚子皮

混合后再打一次

❶辣椒等具有香气的蔬菜，处理得越细碎，其香气或辣味就会越浓郁。 ❷加入盐和米曲并充分搅拌均匀后，还需静置上约1周至1个月的时间，其品质才会趋于稳定。 ❸由于柚子的大小不同，皮的量会比较难以控制，这里取和 差不多的量就可以了。直接将二者混合也可以，再用食物料理机打一下的话，两种食材会混合得更加均匀，味道也会融为一体。

Garlic／大蒜【时令：5—7月】

大蒜

大蒜能够缓解疲劳、补充体力
预防感冒
可谓是一种"使人强健"的蔬菜

　　大蒜是一种历史久远的蔬菜，据说原产于中亚地区，大约在公元前2世纪传入中国。虽然在平安时代就传入了日本，但真正摆上日本人的日常餐桌，已是第二次世界大战之

日本国内大蒜产量第一的是青森县
而在国外
安第斯山脉一带的产量正急剧增长

挑选时的要点

Check!

① 最从上面俯视，蒜瓣向外鼓胀得比较均匀的为佳，不要选已经出芽的或表面已经变色的。

② 从底部看，需检查一下根部。干燥硬脆的为优质品，不过，根部过于干燥、已经开裂的也不要选。

处理大蒜的要领

▶ 自己动手
做一些"大蒜油"吧！

只需将大蒜切成末，放入橄榄油中浸泡2—3天，就能做成"大蒜油"了。也可以放入少量的朝天椒，选用芝麻油代替橄榄油，也会很美味。

▶ 吃剩的大蒜
可以进行腌渍

将大蒜去皮，用微波炉加热3—4分钟，在酱油中加入白糖，即可简便地做成腌渍用的料汁。此外也推荐在酱油中加入蜂蜜或梅肉，也可做成美味的料汁。

后的事情了。现在，日本国内的大蒜多为青森县所产，种植最多的品种是"白色六片"和"壹州早生"。日本市面上售卖的大蒜以本国产及中国产大蒜为主。人们普遍的认识是，大蒜要吃地下茎肥大的部分，但其实也有吃嫩叶部分的大蒜品种。

大蒜被人们称为"体力之菜"，是因为其中含有"大蒜素"的特殊成分。大蒜素可以促进机体的新陈代谢，将所摄入的食物燃烧代谢并转化成能量，使机体温热起来，且能预防肥胖。再者，由于大蒜素能够刺激荷尔蒙的分泌，有一定壮阳的功效。大蒜的气味很强烈，是由于含有二烯丙基硫醚，这种物质具有很强的杀菌功效，不仅能杀灭食物中含有的霉菌等细菌，还能对抗侵入体内的感冒病毒等。

大蒜的主要种类

白皮大蒜
Shirokawa ninniku

最受欢迎的大蒜品种，经常能在店门口看到。分为干燥与新鲜两种状态，后者在6月收获季之后能够买到。

红皮大蒜
Akakawa ninniku

意大利西西里岛的名产，在日本福冈县的八女有所种植，较之白皮大蒜，味道更佳浓郁，且具有强烈的特殊香气。

紫皮大蒜
Murasaki ninniku

特征在于稍稍带有甜味，除日本之外，主要还在阿根廷的安第斯山脉地区生产，由移民到那里的日本人种植，是出名的早熟品种。

有代表性的产地及品牌

① 青森县田子町 田子大蒜

田子町的名产，其品质之高在日本都屈指可数。特征在于个头大且香味浓郁，味道也非常棒。

② 香川县 琴平大蒜

产量在日本国内位居第2位，琴平町周边地区也出售干燥后的大蒜，女木岛的生大蒜也是一大特产。

③ 岩手县 八幡平大蒜

在6月冰雪融化之后即可收获的"行者大蒜"，比一般的大蒜更高，茎部更粗。

④ 秋田县 大蒜

在与青森县田子町毗邻的秋田，大蒜的种植也很繁盛，行者大蒜的出产量也很大。

切大蒜的要领

▶ 横向切成薄片

沿着垂直于纤维的方向，将大蒜切成1.5—2毫米厚的薄片，适用于需要突出蒜香味的菜肴。

▶ 切成细末

将大蒜切成丝后，再切成细小的末，使用食物料理机处理成末会更方便。

保存大蒜的要领

▶ 置于通风良好 且较干燥处

将刚买回来的大蒜原样放置在通风处即可，也可以还可将大蒜装进网兜中吊起来，以防止其变得干燥，使保存效果更佳。使用的时候要注意，需用多少瓣就掰开多少瓣。由于大蒜很怕潮湿，所以不可放入冰箱内冷藏保存。

Recipe

/027 酱油腌大蒜

▽▽▽▽▽▽▽

【工具】
· 蒸制器皿
· 锅
· 用于保存的容器

【食材】
· 大蒜…2头（大个）
· 酱油…3大匙
· 酒…100毫升

【步骤】
① 将大蒜带皮放入蒸制容器中上锅蒸4分钟左右，直至大蒜被蒸透。
② 蒸好后静置晾凉，然后掰开蒜瓣并去皮，将根部和紧贴着蒜瓣的薄膜都去掉。
③ 制作用于腌渍的料汁，在锅中倒入酱油和酒，开火煮一下，去除酒味。
④ 将大蒜放入用于保存的容器中，倒入步骤③中的做好的料汁，密封起来进行腌渍。

健体炸猪肉卷

▽ ▽ ▽ ▽ ▽ ▽ ▽

【食材】
- 酱油腌大蒜…4瓣（如果个头较小，则取8瓣）
- 切好的薄猪肉片…8片
- 盐…少许
- 胡椒粉…少许
- 绿紫苏叶…8片
- 面粉…适量
- 鸡蛋…适量
- 面包粉…适量
- 用于炸制的油…适量

【步骤】
① 在薄猪肉片上撒上盐和胡椒粉，备用。将每瓣酱油腌大蒜都切成两半。
② 在每片猪肉片上都放上1片绿紫苏叶，再放上半瓣酱油腌大蒜，裹着大蒜卷成卷。猪肉卷要卷得整齐、紧实，然后插入一根牙签，将其固定住。
③ 将鸡蛋打成鸡蛋液。将　　中的成品裹上面粉、鸡蛋液和面包粉，下入约180℃的油中炸至颜色金黄即可。

Column
▽ ▽ ▽ ▽ ▽ ▽ ▽

也可直接腌渍生大蒜

经过蒸制的大蒜，最适合做下酒菜或搭配米饭的小菜。其实直接用生的大蒜也可以。使用蒜瓣时要先去除中间的"芯"，或者切成两半去除蒜芽，这样处理后再用酱油腌渍，就可以更快地腌好。放酱油的量与大蒜的大小也是有关的，使酱油刚刚没过大蒜就可以了。

制作时的要点

蒸制　　　　　去皮　　　　　制作料汁　　　　　腌渍

①将大蒜带皮上锅蒸即可。不经过蒸制，直接用生的大蒜腌渍也是可以的。　②用菜刀从根部开始剥皮，皮就很容易剥下来了。
③用于腌渍的料汁要煮开，以去除其中的酒味。　④腌渍约1周后就可以吃了，放到冰箱内冷藏，大概可以保存2个月。

Chinese cabbage／白菜
【时令：11月下旬—次年2月】

白菜

**外层菜叶、内层菜叶和菜心
分别用不同的切法和烹饪方法来做
就能用完整颗青菜**

白菜口味清淡，没有什么特殊的味道，用什么烹饪方法来做都很合适，因而被人们视为蔬菜中的珍宝。人们常说，等到大量下霜的时候，就是白菜最好吃的季节了。这其

生吃、炒、煮、蒸
不同的部位
要选择不同烹饪方法

Check!

挑选时的要点

① 整颗拿在手上，感觉沉甸甸的为佳，白菜越沉重，说明卷得越紧，叶片之间越密实。

② 如果根部呈白色，而且水灵灵的，说明比较新鲜。如果放得比较久了，那里会变成茶色且显得不再新鲜，一定要留意查看。

处理白菜的要领

▶ 均匀地
　煮熟白菜的方法

烧白菜时应把菜帮和菜叶，分别下入锅中。应在菜帮整体熟透后，再下入绿叶部分一起翻炒。

▶ 白菜不仅可以炖煮
　还可以直接生吃

将白菜的菜叶纵向切成细丝，就可以做成"蔬菜棒沙拉"了，吃起来水嫩多汁，味道堪称绝妙。加入一些沙拉酱或沙司，即可做成一道很棒的下酒小菜。

中的原因是，在天气寒冷的时期，柔嫩的新芽会停止生长，原样结成球状，甘甜味就会更加浓郁。白菜的原产地为中国北部，据说是在日本发动甲午战争期间，由派出的日本兵从中国带回来的。

白菜中约95%都是水。但在浅色蔬菜中，胡萝卜素的含量相对较高。菜心部分的钾、钙等元素的含量都较为丰富。在中国，人们

有将白菜心煮水代茶饮，以预防感冒的习惯。

白菜的外层菜叶加热后形状也不易改变，因而适合于炖煮、蒸制或制作火锅。内层黄色的菜叶最适合直接生吃，可以做成沙拉或凉拌菜。而菜心的部分既可生吃，又可炒菜，做法丰富多样。根据季节及具体情况的不同，巧妙地使用白菜的各个部分，烹制出千变万化的美味吧。

白菜的主要种类

霜降白菜
Shimofuri hakusai

沉甸甸的圆柱形结球白菜。顶部的菜叶一层层包裹得很紧密，是这个品种的一大特征。甜度较高，吃起来味道甘甜且口感爽脆。

山东菜
Santouna

这一品种的主要特征是个头较大，菜叶的上半部呈打开的半结球状态，在埼玉县的东南部有所种植，但产量较小。味道甘甜，口感爽脆。

迷你白菜
Mini hakusai

普通的白菜一颗有3—4千克重，相比之下这一品种个头要小很多，一颗仅重1千克左右。是为了让人数较少的家庭也能一次吃完而开发出来的小型品种。

有代表性的产地及品牌

① 茨城县　霜降白菜

不论是秋冬季还是春季，产量均在日本国内位居前列。霜降类品种每年1月在茨城县西部地区出产得最多。

② 长野县　御岳白菜

长野县引以为傲的品牌蔬菜之一。在木曾川的河水浇灌之下生长，自昭和28年（1953年）即开始种植。

③ 北海道　白菜

产量在日本国内位居前列。由于气候寒冷，出产时间并非通常所说的时令时节，而是每年的6月中旬及10月前后。

④ 爱知县　秋冬白菜

以东三河为主要产地。从冬季到次年春季为出产的最盛时期。这一品种菜叶厚实，甘甜味浓郁。

切白菜的要领

▶ 切成四方的片

将菜叶重叠起来，先垂直于纤维下刀，切成较宽的条，然后再改成约3厘米宽的片即可。

▶ 片成薄片

将菜刀放倒，斜着下刀，片成薄片，片的时候要尽可能让断面的面积大一些。

保存白菜的要领

▶ 用报纸包起来
置于低温阴暗处保存

在保存整颗的白菜时，应用报纸包起来，使其根部朝下并保持直立，放到阴暗低温处保存。如果是已经切开的白菜，则需用保鲜膜包裹起来，放到冰箱内冷藏保存，包裹的时候要严密，防止水分从切口处散失。

Recipe

/028 韩式泡菜

▽▽▽▽▽▽

【工具】

· 方平底盘 · 碗 · 大石头等重物（约6千克） · 用于腌渍的容器（约8—10升）
· 笊篱 · 塑料袋 · 削皮器

【食材】

· 白菜：约3千克 · 10%的盐水：2升
【腌渍用料汁所需食材】
· 洋葱：¼个 · 梨：⅓个 · 苹果：½个 · 白萝卜：700克
· 韩国红辣椒末（粗细程度中等的末）：24克 · 擦碎的生姜末：3大匙 · 擦碎的大蒜末：2大匙
· 鱼露：2大匙 · 虾皮：4大匙 · 醋糟：50毫升 · 盐：1大匙 · 香葱：10根

【步骤】

① 将白菜沿纵向按6等分或8等分切开。
  ✳ 这一步骤中，切的时候要注意用另一只手扒开顶部的菜叶，只切"菜轴"的部分，注意尽量不要让细小的菜叶掉落，保持每一份的完整性。

② 将①中切好的白菜放入方平底盘中，倒入盐水，在上面压上大石头，腌渍1晚。如果没有大石头，也可以像照片所展示的那样使用铁锅等来代替。第二天，将白菜从盐水中取出，像制作盐辛类菜肴那样借助少许水分用盐搓一下，放在笊篱中备用。

③ 用削皮器将洋葱、梨和苹果分别擦成细末。

④ 将白萝卜切成较粗的丝，如切片器，可以先借助其切成片，再用菜刀切成粗丝。将腌渍用料汁所需的其他食材和③中的成品全部倒入碗中，用手充分混合搅拌。

⑤ 用手将④中做好的料汁涂抹到②中快沥干的白菜上，让一片片菜叶之间都夹上料汁。
  ✳ 要在可密闭的容器中套1层装厚的塑料袋，再进行腌渍，以防辣椒粉的颜色染到容器上。

⑥ 将碗中剩余的料汁也全部倒在白菜上，并将表面整理平整，将塑料袋的袋口扎紧，再将容器的盖子严密地封好，放到阴暗低温处。如果所在的地区比较温暖，也可以放到冰箱里去腌渍，静置腌渍约一周左右就可以食用了。

纵切

预腌

涂抹料汁

静置腌渍

❶切的时候最好用另一只手扒开顶部的菜叶,且只切"菜轴"的部分。 ❷如果锅的重量不够,也可以在里面加入一些水。 ❺如果不希望让容器染上颜色,可以使用塑料袋。 ❻如果盖子密封得不够严密,白菜就容易腐坏,所以请务必留意。

Column

辣椒碱的功效

辣椒中含有的辣椒碱,不仅能够促进血液循环,改善寒性体质,还具有燃烧脂肪的功效,对于减肥也有一定的效果。因为可以增进食欲,建议在觉觉疲倦的时候吃点辣椒。

另一道利用韩式泡菜做成的佳肴

味噌泡菜煮鲭鱼锅

【食材】
- 韩式泡菜…100克
- 芝麻油…½大匙
- 鲭鱼(已处理成大片的鱼肉)…2片
- 韭菜…¼把
- Ⓐ
  - 水…2杯
  - 鸡精…2小匙
  - 味噌…1大匙多
  - 韩式辣椒酱…1小匙
  - 酱油…1小匙
- 醋…1小匙

【步骤】
① 将韩式泡菜切成便于食用的大小。取1只平底煎锅,倒入芝麻油加热,然后下入韩式泡菜翻炒,再将Ⓐ中所述食材全部倒入锅中,进行炖煮。
② 用厨房纸巾将鲭鱼肉片表面的水分擦拭干净后下入锅中,再盖上锅盖,炖煮约5分钟。
③ 将韭菜切成约3厘米长的段,放入锅中,再淋上少许醋调味即可。

Sweet potato/红薯
【时令：9—11月、1—3月】

红薯

在贫瘠的土地上也能顽强生长
在日本很久前遭遇粮荒的时期
曾是人们的救命菜

早在公元前3000年以前，中美洲的人们便开始种植红薯，并将其作为主食食用。在哥伦布将其带回欧洲之后，便在多地广泛传

Check!

▽

挑选时的要点

① 首先要查看表面的颜色，要选表皮新鲜，长须子的凹坑较浅，看起来并不明显的。仔细查看一下表面有没有伤和冻了的地方。

② 断面的圆形轮廓如果皱褶比较紧密，或是稍有些模糊不清，则说明有伤。如果有蜂蜜状的物质渗出并凝固，说明味道甜而且好吃。

断面处渗出的蜂蜜状物质
便是判断红薯甜度的依据
长时间贮藏后味道还会更甜

处理红薯的要领

▶ 让红薯吃起来更甜
的处理方法

要让红薯吃起来更甜，可以先用小火慢慢烤一下，这样红薯中的淀粉会转化为糖分，所以会更甜更好吃。如果使用微波炉来烤制，则应使用低温档。

▶ 红薯的皮
也可以做成美味的小点心

剥下来的红薯皮也不要扔掉，可以充分利用起来，将其切成便于食用的大小，下入油锅炸一下，再撒上一些白糖，就能做成一道很棒的小点心。

播开来。红薯传入日本大约是在16世纪的时候，最初是经由琉球群岛及长崎、萨摩藩一带传入的。江户时代粮荒爆发时，只有萨摩藩死于饥饿的人数最少，正是出于这个原因。从那之后，幕府将红薯作为对抗粮荒的对策，政府开始选地来栽种易于种植的红薯，并奖励人们种植红薯。因而，红薯得以在日本全国各地推广开来。时至今日，日本销售量较大的甘薯类品种主要有甜度较高的"红东"和"金时"品种等，此外，还有一些为了当做制作烧酒及和式点心等加工食品的原材料而特别改良的品种。

红薯是甘薯类中维生素C含量最高的，且加热后都不易破坏，这也是红薯的一大特色。红薯还具有缓解便秘的功效，这是因为红薯中含有丰富的膳食纤维，且含有能够软化粪便的物质"紫茉莉苷"，两种成分都具有促进排便的作用。

红薯的主要种类

红东
Beniazuma

外皮为较深的紫红色，内部的肉为发白的黄色。其显著特征是呈长纺锤状，外形很美观，由于粉质较多而纤维较少，比较易于食用。

安纳红薯
Annouimo

鹿儿岛县种子岛长年栽种的品种。加热后甜度可达40度以上，并可产生如奶油般黏黏的口感。

金时
Kintoki

这一品种很久以前曾被人们称作"通红的家伙"，在关西地区以"金时"品种为主。德岛县的"鸣门金时"，以及石川县的"五郎岛金时"等均属于这一品种。

紫薯
Murasaki imo

冲绳等地有所栽种，特点是内部的肉呈鲜紫色，而外皮则发白。其甜度和黏性均较高，加热后还会更加甘甜。

有代表性的产地及品牌

① 鹿儿岛县
颖娃、知览红薯

在作为原产地的鹿儿岛县，以品牌产区为中心，每年5月便早熟，且几乎全年都有所出产。

② 埼玉县　川越红薯

在第二次世界大战后的那段时期，这里曾是日本整个关东地区的主要粮食产区，后来随着时间的推移产量逐渐减少了，现在，产量在日本国内位居第10位前后。

③ 茨城县　红小金

茨城县以红薯干闻名，这里产的红薯也被称作"甘薯"。产量在日本全国都屈指可数。

④ 宫崎县　宫崎红

种植于串间市，在日本全国都颇受欢迎，主要特征在于鲜亮的红色。柔软的质地和甘甜的味道。

切红薯的要领

▶ 切成滚刀块

这样的切法适合于制作炒红薯或大学芋（译者注：类似于拔丝红薯）。由于每块上都带有皮，看起来很美观，煮制的话也不易煮烂。

▶ 片成半月形的片

将红薯切成厚片后，再切成两半。这样的切法可以使红薯块熟得更快。不过比起切成厚片，煮制时更易煮烂。

保存红薯的要领

▶ 置于通风良好处保存

还未处理过的红薯，应放在通风良好的地方常温保存，用报纸或卷起来或包裹起来，保存效果也不错。用这样的方法，可以在常温下保存约2周时间，由于红薯比较怕冷，不要放进冰箱里。

Recipe

/029 红薯干

▽ ▽ ▽ ▽ ▽ ▽ ▽

【工 具】

- 蒸制容器
- 笊篱

【食 材】

- 红薯…1个

【步 骤】

① 将红薯斜切成约2厘米厚的片。

② 为去除淀粉，将红薯片在水中浸泡一下。

③ 将红薯片放入蒸制容器中，待蒸锅上汽后放入，蒸20分钟左右。

④ 将红薯片去皮，每片对半切成约1厘米厚的片。
　　＊如果希望成品的卖相更为美观，在这一步也可以不去皮。

⑤ 将处理好的红薯片分开码放，置于空调下，在房间内利用空调风干约2—3天，其间需多次将红薯片翻面，使两面均匀风干。

Column

▽ ▽ ▽ ▽ ▽ ▽ ▽

借助空调风干食物的诀窍

即使是水分较多的甘薯类蔬菜，借助空调也可以较快地风干。其中的要领不仅在于温度，还在于通风性。如果通风状态良好，当然是最理想的，不过在冬季时，打开暖炉也可制造出同样的效果。在风干的过程中，可以不时用手摸一摸，风干到自己想要的程度即可。不过，当表面已经析出白色的粉末，说明产生出了氨基酸，因此风干到这种程度更佳。

【 另一道利用红薯干做成的佳肴 】

法式黄油嫩煎红薯干

▽ ▽ ▽ ▽ ▽ ▽ ▽

【食 材】

- 红薯干…2—3片
- 黄油（含盐）…1大匙
- 肉桂粉…适量
- 冰淇淋…适量

【步 骤】

① 取一只平底煎锅，烧热后放入红薯干，将两面烤至呈焦黄色。

② 将烤好的红薯干取出码放在上桌的容器中，撒上肉桂粉，再在顶部放上冰淇淋球即可。

【 制作时的要点 】

①
切片

②
浸泡

③
蒸制

④
去皮

❶要点在于要切得厚一些，以防在蒸制时蒸烂，破坏形状。蒸好后再切一下，就可以更充分地风干了。尽可能使断面面积更大一些，以便于水分的散失。❷要用水充分浸泡，在这一步中充分去除淀粉，之后风干时红薯干才更易糖化，变得更甜。❸虽然蒸制的时间根据红薯的大小应有所不同，但蒸10分钟左右已经足以将红薯蒸软了。❹蒸好后需要多放置一会儿，待余热散去后再剥皮，就会很好剥了。

Onion／洋葱
【时令：11月—次年2月】

洋葱

洋葱独特的美味与香气
能够有效地给菜肴提味
加热后还会有甘甜的味道

　　洋葱自古代便开始被人们所种植，但在日本的历史却出乎意料地短，正式开始种植已是明治时代的事了。后来直至西式菜肴传入，洋葱才普遍地被搬上了日本普通家庭的

洋葱
Tamanegi

虽然各品种情况都有所不同，但通常来讲早熟的洋葱辣味较轻，越晚熟，辣味越浓重。在第二次世界大战前被赋予了正式的日语名称，汉字写作"葱头"。

Check!

挑选时的要点

① 首先需要留意查看长有须根的根部，要仔细检查一下有没有腐烂的地方，以及最外面的皮是否已经完全变得干燥。

② 用手摸一下洋葱的顶部，选择顶部较硬实的，如果已经出芽了，说明收获后已经储存得比较久了，不要选。

现已成为"血液循环顺畅"
的代名词
对由于不良生活习惯导致的疾病
也有强力的免疫效果

处理洋葱的要领

▶ 充分品味
洋葱的各种口感

改变洋葱的切法，可以得到不同的口感。如果顺着洋葱纤维的走向切，吃起来口感会很爽脆，而如果垂直于洋葱纤维的走向去切，则可得到柔软的口感。

▶ 如何在切洋葱时
不那么"辣眼睛"

在切洋葱之前，可以先将其去皮，然后用保鲜膜包裹起来，放入冰箱内冷藏一下，进行降温。经过这样的处理，洋葱中能够引起流泪的刺激性物质便可得到抑制。

餐桌。现在，日本市面上销售的主要品种是易于贮藏的黄洋葱。在春季也有趁着幼嫩未熟便收获的新洋葱上市，水灵灵的、肉厚而味甜，值得品尝。

在切洋葱的时候，造成人们流泪的物质，是构成洋葱香气的"二烯丙基硫醚"。这种成分能够和猪肉等食物中含有的维生素B1相结合，以促进机体的吸收。此外，还具有通利小便、刺激发汗的作用，能够促进机体的新陈代谢。对于缓解疲劳、改善失眠、排解压力等也有一定的功效。

人们经常把洋葱和肉类一起烹制，这样不仅能够调和味道，还能使营养更加均衡。此外，随着近年来人们对健康日益重视，洋葱对于机体健康的多种功效也引发了很多关注，较之促进血液循环的作用，洋葱预防动脉硬化、糖尿病、脑血栓及高血压等病症的功效更好。

洋葱的主要种类

紫洋葱
Red tamanegi

别名"红洋葱"。这一品种的外皮与表层的肉均呈紫红色，辣味及刺激性的气味都较轻，由于质地水嫩多汁，很适合做成沙拉来生吃。

红葱
Eshallot

作为洋葱的一个变种而产生，比较类似于小洋葱，其一大特征在于顶部的皮呈向外卷曲状。日本国内种植较少，大多为进口货。

白皮洋葱
Pecoros

直径仅3—4厘米的小型洋葱，有着"小洋葱"及"迷你洋葱"的别称，"Pecoros"这一名称是日本独有的。

有代表性的产地及品牌

① 北海道 北见产洋葱
收获量约占全国25%的日本最大洋葱产地，该地也在全力开发洋葱的加工食品及菜肴等。

② 佐贺县 春一番
3—4月上旬即上市的早熟品种，独特之处在于辣味很轻。这里的"白石洋葱"也很美味。

③ 兵库县 淡路岛洋葱
因为这种洋葱，淡路岛甚至被冠以"洋葱之岛"的别称，是甜度、耐储藏性都很高的品种。

④ 爱知县 新洋葱
收获后会在太阳底下晒干，待4—7月再上市，通常都会长期储藏，全年均有供应。

切洋葱的要领

▶ 切成圆片

先将洋葱的两端切掉，然后垂直于纤维的走向下刀，按想要的厚度切成圆片。

▶ 切成末

将洋葱的两端切掉后，再切成两半。将每一半分别切成细丝，最后再从一端开始切向另一端，慢慢切成细末。

保存洋葱的要领

▶ 置于通风良好处保存

由于洋葱比较害怕潮湿，应放在通风良好的地方保存。如果是已经切开的洋葱，应用保鲜膜包裹起来，放入冰箱内冷藏保存。将充分炒熟的洋葱分成多份，用保鲜膜包裹起来，再放入冰箱内冷冻保存，这样之后使用起来会非常方便。

Recipe

/030 炸洋葱丝

▽ ▽ ▽ ▽ ▽ ▽ ▽ ▽

【 工 具 】
· 切片器
· 碗

【 食 材 】
· 洋葱…1½—2个
· 用于炸制的油…适量

【 步 骤 】
① 将洋葱纵切成4等份，垂直于纤维走向，切成极薄的丝。
② 坐锅，将用于炸制的油加热至低温，放入步骤①中的成品，再慢慢加热提高油温，炸出洋葱中的水分。

Column

▽ ▽ ▽ ▽ ▽ ▽ ▽

炸洋葱丝的使用方法

说起有炸洋葱丝的传统菜肴，那就是越南的米线了。炸洋葱丝和亚洲菜肴的口味还是非常搭配的。此外，也能让咖喱的汤汁等变得更加香浓。将洋葱炒至呈饴糖的颜色，连辣酱都不必再做了。做炖煮类菜肴时也可以加入一点炸洋葱丝试试看。

黄油鱼露鸡肉饭配炸洋葱丝

▽ ▽ ▽ ▽ ▽ ▽ ▽

【 食 材 】

- 炸洋葱丝…2—3大匙
- 鸡翅根…6只
- 盐…适量
- 胡椒粉…适量
- 大米…2合
- 番茄…1个
- 大蒜…1瓣
- Ⓐ ┌ 酒…2大匙
  └ 鱼露…1½大匙
- 黄油…1½大匙
- 盐…½小匙
- 柠檬…适量
- 香菜…适量

【 步 骤 】

① 在鸡翅根中加入盐和胡椒粉作为底味，放到烤架上烤制，将两面烤至呈焦黄色。

② 将大米淘洗干净，番茄切成大块，大蒜切成蒜末。将上述3种食材和A中所述调料全部倒入电饭煲中，按正常蒸米饭时所需的量加入水，煮成混合的饭。

③ 饭蒸好后加入黄油和盐，搅拌均匀，再拌入大量的炸洋葱丝。

④ 将步骤③中的成品盛入上桌的容器中，再根据个人喜好挤入一些柠檬汁，撒上一些香菜即可。

切丝

在油温较低时放入

加热使油温升至中温

慢慢炸制

① 要点在于要切成极薄的细丝，所以可以不用刀切而使用切片器，就可以干净利落地擦出细丝了。要一点一点地、仔细地擦。

② 在油温约为140℃时下入洋葱丝，刚刚下入时，由于洋葱丝中的水分迅速蒸发，油会飞溅出来，所以一定要格外小心。且洋葱丝要少量逐次下入。而后，将油加至中温，使温度缓缓上升至约170℃，油的表面趋于平静，便进入慢慢炸制的阶段。为避免炸糊，需不时进行搅动。

Lotus root／莲藕
【时令：11月—次年2月】

莲 藕

日本人认为莲藕的孔洞寓意着"一眼看穿、预见未来"
因此莲藕便成了新年菜肴及庆祝宴席中最适合选用的菜

　　莲藕作为莲花的地下茎，内部具有"通气孔"状的结构，可以将从泥水中吸取的氧气输送给莲叶。莲花的叶子和花朵都很美丽，是与佛教渊源颇深的一种植物，自古以来便与亚洲人的

爽脆可口与热乎松软
莲藕可演绎出
两种截然不同的口感
可谓"双重美味"

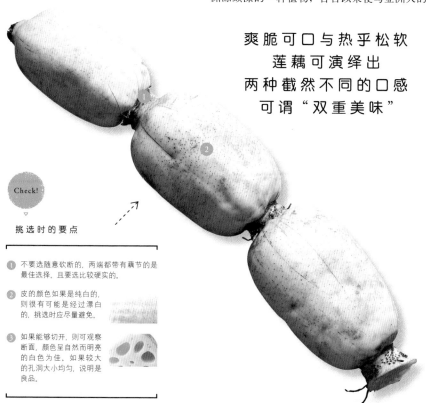

Check!
▽

挑 选 时 的 要 点

① 不要选随意砍断的，两端都带有藕节的是最佳选择，且要选比较硬实的。

② 皮的颜色如果是纯白的，则很有可能是经过漂白的，挑选时应尽量避免。

③ 如果能够切开，则可观察断面，颜色呈自然而明亮的白色为佳，如果较大的孔洞大小均匀，说明是良品。

处 理 莲 藕 的 要 领

▶ 用醋水浸泡
可防止莲藕变色

生吃或做沙拉等菜肴时，如果希望让莲藕的卖相更美观些，可以浸泡在水中，或在水中滴入一些醋再将其浸泡起来，以防止莲藕变色。

▶ 放在太阳下晾晒
可以凝缩莲藕中的精华成分

作为其他菜肴的辅料或沙拉顶部的装饰性配料，往往需要用到素炸藕片，在做素炸藕片时，最好先在太阳底下将藕片平摊开进行风干，拔出其中的水分后再炸制。

生活密切相关。莲花在奈良时代初期由中国传入日本，在日本最初仅用作观赏花卉。而后自明治时代开始以食用为目的而种植。莲藕的药用价值很高，百姓将生莲藕擦成泥当药服用，被人们视为"民间之药"而倍加珍视。现在日本市面上出售的莲藕有本地原产品种和中国品种。不过，本地品种的茎较细，且深深扎入泥土中，收获时不易挖掘，在这些不利因素的影响下，种植也变得比较困难，所以仅在日本东海地区有所种植。

莲藕的主要成分是淀粉，淀粉形成的保护膜可以保护莲藕中的维生素C在加热时也不易被破坏。此外，莲藕中还含有维生素B12，能够促进机体对铁元素的吸收；含有的维生素B6具有造血功能，能够辅助肝脏的运作、预防贫血。由于莲藕的食物纤维含量丰富，也推荐给希望缓解便秘的人食用。

莲藕的主要种类

加贺莲藕

Kaga renkon

一种加贺的蔬菜，即使是同一根莲藕，不同的藕节也会有不同的味道与口感，所以在金泽市，人们会选取适合做菜的部分来使用，随着季节的更替，味道也会有所不同。

杵岛莲藕

Kishima renkon

用中国品种与备中品种杂交而成。现在市面上售卖的这一品种，几乎不是出自杵岛，就是出自备中，主要特征在于爽脆可口的口感和便于烹饪的形状。

有代表性的产地及品牌

① 茨城县　霞莲藕

产量居日本首位，市场占有率约为日本全国的30%。主要的产地为霞浦周边及土浦市周边地区。

② 德岛县　备中莲藕

在大阪的批发市场中，德岛县出产的莲藕销售量居首位，其主要特征在于颜色较白，藕节之间的连接处较长，外形秀气漂亮。

③ 爱知县　"莲白"莲藕

日本国内三大莲藕产地之一，露天与温室种植相结合，几乎一年到头都有所出产。

④ 山口县　岩国莲藕

开白莲花的品种，拥有长达180年的历史。其主要特征在于既可做出黏糯的口感，又可做出爽脆的口感。

切莲藕的要领

▶ 切成圆片

将莲藕切成较薄的片，适合做凉拌菜或沙拉等，而切成较厚的片，更适合炖煮或炸藕合等。

▶ 切成花形的片

将莲藕切成约2厘米厚的片后，沿着孔洞的形状在边缘处切一圈，则可切成花形的藕片。

保存莲藕的要领

▶ 以10℃以下的温度冷藏保存

如果莲藕比较大，可先将藕节将其一节一节地切分开。切好后在水中浸泡约1分钟，再捞出去除表面的水分，然后用保鲜膜或浸湿的报纸严实地包裹起来，注意不要让两端的断面接触空气。最后放入冰箱内冷藏保存。

Recipe

031 福神腌酱菜

【工具】
· 碗 · 控水盆 · 锅 · 厨房纸巾

【食材】
· 莲藕…150克
· 胡萝卜…1根
· 茄子…1个
· 黄瓜…1根
· 白萝卜…100克
· 香菇…2个
· 生姜…1块
· 茗荷…3根
· 盐…蔬菜重量的2%

【腌渍用料汁所需食材】
· 酱油…½杯
· 醋（谷物酿制醋）…½杯
· 水…½杯
· 日式甜料酒…¼杯
· 酒…¼杯
· 白糖…100克
· 海带…5厘米
· 经过酱油腌渍的紫苏果实…1大匙

【步骤】
① 将莲藕、胡萝卜和白萝卜切成较细碎的小片，茄子切成半月状的小片，黄瓜去籽后切成半月状的小片，茗荷横剖成小片，以上食材切片的厚度均控制在5厘米。将香菇剖成两半，生姜切成细丝。

② 将茗荷和茄子在水中浸泡一下，以去除涩水，捞出后用厨房纸巾等将表面的水分擦除干净。

③ 将所有蔬菜类食材用盐揉搓一下，放入用于腌渍的容器中，进行腌渍。也可将食材放入碗等容器中，在上面压上另1只碗，碗中放入重物，静置腌渍1晚。

④ 将腌渍过1晚的所有蔬菜用力攥一攥，以挤出其中的水分。

⑤ 将海带切成细丝，坐锅，倒入腌渍用料汁所需食材，煮开后加入海带丝及步骤4中的成品，继续炖煮，直至锅内的菜量仅剩下最初时的一半。

⑥ 将步骤5中的成品用水迅速地清洗一下，加入紫苏的果实，搅拌均匀。

福神腌酱菜配爽脆沙拉

【 食 材 】

- 福神腌酱菜…80克
- 鸡肉碎…150克
- 盐…适量
- 胡椒粉…适量
- 酒…适量
- 大蒜…½瓣
- 用于拌制沙拉的绿色蔬菜…适量
- 色拉油…2小匙
- 鱼露…½大匙
- 柠檬汁…适量

【 步 骤 】

1. 将所有蔬菜切成较长的段，放入水中浸泡一下，捞出后仔细擦干表面的水分。
2. 在鸡肉碎中加入盐、胡椒粉和酒作为底味，大蒜切成末，在平底煎锅中倒入色拉油烧热，下入鸡肉碎翻炒，炒至六七分熟后下入切好的蒜末。
3. 待②中的鸡肉碎已经炒至表面硬脆，下入福神腌酱菜，迅速翻炒一下。
4. 将蔬菜码放在上桌的容器中，再倒入③中的成品，稍稍搅拌一下，再转着圈地挤入一些柠檬汁即可。

Column

紫苏的果实
可以为菜肴的味道增色不少

做福神腌酱菜时如果不放紫苏的果实，总觉得缺点什么。不过，生的紫苏果实很难买到，这时，不妨就用经过酱油腌渍的来代替吧。在这种情况下，为避免腌出的福神腌酱菜味道过咸，加入紫苏果实之前应该用水把所有蔬菜都洗一下。最后再加入紫苏的果实，香味一下子就出来了。

制作时的要点

用盐腌一下　　　　　挤出水分　　　　　将蔬菜倒入料汁中　　　　煮至收汁

③为了让盐均匀地腌到蔬菜里，要将所有蔬菜都要切得大小、薄厚基本一致。 ④在用手攥菜挤出水分之前，可以把菜放到笊篱中沥出多余的水分，这时再挤就会方便多了。双手一定要用尽全力去挤，尽可能充分地挤出水分是这一步骤的关键。 ⑤为了让腌渍的菜更易入味，需将用于腌渍的料汁煮沸后再下入食材。如果还希望保留些许硬脆的口感，仅在煮好的汤汁中腌渍一下也是可以的。

Welsh onion／大葱
【时令：11月—次年2月】

大葱

冬季风味会更浓
可用来烹制火锅或烤全鱼来细细品味
还可灵活应用于民间疗法

在得了感冒的时候，人们会用大葱煮水来喝，或是把大葱切成大段，用纱布等包起来缠裹在脖子上。由于药效明显，大葱被人们当做民间疗法的重要食材而倍加珍视。这

早在奈良时代
便被人们所喜爱的大葱
是正宗的
日本传统蔬菜

Check!

挑选时的要点

① 要选绿色与白色的部分间截然分明的。当然，白色部分较多的为佳。表面富有光泽，且圆鼓鼓的是良品。

② 用手摸一下白色的部分，如果松软瘪塌，不要选。如果触感是硬挺挺的，说明内部长得很紧实，这样的是良品。根部的断面处如果已经变色，则说明贮存的时间已经较长，不要选。

根深葱

Nebuka negi

生长于土壤中的部分柔软而洁白，所以葱白的部分较长，而叶子的部分则叶肉挺实。也有着"长葱""白葱"的别称，在日本主要种植于关东地区。

处理大葱的要领

▶ **根据用途**
巧妙使用大葱的不同部分

大葱白色的部分适合做火锅，用途很广泛，而绿色的部分则可用来当做调料或为食物预先调制底味。不过按道理来说，还是两部分一起吃比较好，这样才能更均衡地摄取大葱中的营养成分。

▶ **通过加热**
可以提升大葱的甜味

大葱特有的气味源于其中含有的二烯丙基硫醚类物质，这类物质可以促进机体对维生素B1的吸收，经过加热处理后，二烯丙基硫醚能够转化成带有甜味的物质，从而使大葱变得更甜。

样的历史甚至早在《日本书纪》中便有所记述。经历了漫长的岁月，日本人对于大葱一直都是那样地喜爱。

现在日本市面上出售的大葱品种，大体上可分为两种，即东日本地区的人们经常食用的根深葱，和主要在西日本地区食用的叶葱。大葱原本是冬季蔬菜，但由于耐暑热的能力也很强，如今生产起来已不分时节，一年到头均有所出产。

使大葱具有独特香气的物质是"二烯丙基硫醚"，这与大蒜和洋葱中的成分是相同的。这种物质能够促进胃液的分泌，因而具有增进食欲、缓解疲劳、改善糖尿病症状等功效。此外，大葱绿色的部分中，维生素A、维生素C及钙的含量也都很丰富。

大葱的主要种类

浅葱
Asatsuki
也有"系葱"及"草菲"的别称，其辛辣味介于分葱和白葱之间，钙的含量非常丰富。主要当做作料使用。

下仁田葱
Shimonita negi
是群马县下仁田郡的特产，主要特征在于白色的部分短小而粗壮，熟透后味道变得甘甜，肉质也变得柔软，因此最适合用来做烤葱或火锅。

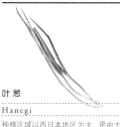

叶葱
Hanegi
种植区域以西日本地区为主，是由大葱和洋葱杂交而成的品种，整体肉质柔软，可以整根煮熟来吃，且生吃、熟吃两相宜。

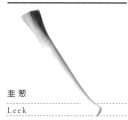

韭葱
Leek
原产地为地中海沿岸地带，叶子很硬，无法食用，因而只烹饪白色的部分，熟透后质地就会变得柔软，且散发出柔和的甘甜味，用途很广泛。

有代表性的产地及品牌

① 千叶县 白葱
出产量在日本国内位居前列，以大柴、佐原、多古、栗源等为主要生产地。

② 埼玉县 深谷葱
出产量在日本各县中位居第2位，深谷市的产量在日本更是名列榜首。这一根深葱的品种自明治时代起便开始种植。

③ 茨城县 赤葱
收获于水户近郊一带，是关东地区最为普遍的根深葱，属于千住葱的一种。

④ 群马县 下仁田葱
较之其他品种，其白色的根部尤其粗大，有效成分的含量也更为丰富，在当地还有着"殿下葱"的别称。

切大葱的要领

▶ 切成大段

将大葱切成长约4厘米的大段。这样切成的大段在加热时不易熟透，但可以更好地锁住大葱中的精华。

▶ 斜切成片

斜着下刀，将大葱切成厚度均匀的片。这样的切法在加热时容易熟透，而且更易于入味。

保存大葱的要领

▶ 冷藏的话可保存3—4天也可冷冻保存

保存大葱时应先用浸湿的报纸包裹一层，再包上一层保鲜膜或套一层塑料袋，最后放入冰箱内，使其保持直立，冷藏保存。如果是已经切断的大葱，也可原样或切成葱末后冷冻保存，这样保存时，需在1个月内用完。

Recipe

/032 大葱味噌

▽ ▽ ▽ ▽ ▽ ▽ ▽

【工具】
• 平底煎锅
• 用于保存的容器

【食材】
• 长葱…½根	• 高汤…¼杯
• 芝麻油…1小匙	• 酱油…1小匙
• 味噌…150克	• 生姜…2块
• 日式甜料酒…½杯	• 芝麻粉…1大匙

【步骤】
① 将味噌和甜料酒混合在一起，充分搅拌均匀。
② 将长葱切成细细的葱花，在平底煎锅中倒入芝麻油，烧热后倒入葱花煸炒。
③ 在锅中加入②中的成品，进行熬煮，至水分基本上都已经散失掉了，加入高汤，继续熬煮。
④ 将生姜切成细丝，待锅中的液体熬至黏稠状，转着圈地倒入酱油，加入生姜丝，撒上芝麻粉即可。

Column
▽ ▽ ▽ ▽ ▽ ▽

酱油是用于提香的
应当最后再放

虽然只使用味噌的话味道也已经很不错了，但如能加入一点酱油，香味会更加浓郁。由于酱油的香气具有挥发性，也很容易烧焦，所以一定要小心不要将其过度加热。做这道菜时，在加入日式甜料酒和高汤后，要将锅内的液体充分熬煮，待其具有一定的黏稠度之后，再加入酱油，如果不希望味噌过咸，酱油也可少放或不放。

另一道利用大葱味噌做成的佳肴

烧味噌饭团
▽ ▽ ▽ ▽ ▽ ▽

【食材】
• 大葱味噌…1—2大匙
• 米饭…约2杯（用于做饭团）

【步骤】
① 将米饭分成较为均匀的4份，捏成4个饭团。
② 在每个饭团的一面上涂抹上大葱味噌，然后放到烤架上或烤面包机、小型烤箱中进行烤制，烤至色泽焦黄即可。

Part.2
蔬菜篇

026

大葱

制作时的要点

炒制	加入味噌	加入高汤	撒入芝麻粉

②在炒制的过程中，水分会散失，辛辣味也会转化为甘甜味，从而提升菜肴的风味。 ③倒入与日式甜料酒混合好的味噌，以文火慢慢熬煮，如果是第一次做这道菜，建议使用经特氟隆加工的平底煎锅来熬煮，这样水分散失较为缓慢，也不容易烧糊。使用雪平锅确实是比较理想的，不过很容易烧糊，需要格外小心。在这一步中加入高汤，可以使味道更佳醇厚，增加香味的层次。加入高汤后，也要继续慢慢熬煮至水分基本上都已散失。 ④这里的芝麻粉选择白芝麻粉为佳。虽然只是一道简单的菜肴，也能做出层次丰富的复合美味。

开始你的自制
美食生活吧！

继土市夏女士之后，
我们又请到另一位在日常生活中勤于实践、
自制美食的烹饪达人——小雀阵二先生，
让我们一起通过他的美食故事，
探寻烹饪之念吧！

我的自家烹饪生活

小雀阵二先生
Junji Kosuzume

◆◇◆◇◆◇◆◇◆◇◆

曾任户外行业制作人，在"海豹皮划子商店"工作，之后转职成为杂志及电视广告等户外相关产业的合作人，兼任摄影助理，以"野外帐篷露营"为核心，向公众介绍初学者也可参与的户外运动，及简单易做的户外露营美食，传播去户外玩耍的乐趣。著有《人人都是帐篷露营料理之王》等书籍。

"只是稍稍多费了几道工序而已，成品就会变得如此美味。"
这就是自己在家烹饪的乐趣所在。

黑醋饮料、梅子果汁、熏制类菜肴、一夜腌渍类菜肴、米糠腌渍类菜肴、沙拉调味汁、柳橙汁、罗勒叶酱……这么多美味，也仅仅是小雀阵二先生自制美食中的一小部分而已。"不论是蔬菜、鱼类还是水果，应季的都是最好吃的，而且也会很便宜。当我在奄美的朋友把夏天吃不完的李子送给我，我会做成果酱；超市里小的鲹鱼卖得很便宜的时候，我就会买来做成醋腌鲹鱼……就像这样，我总是会弄来大量的应季新鲜食材，通过各种各样的加工，做成保存食品，每一天都过得充实而快乐。做出的食物也都很美味呢。"小雀先生这样说道。小雀先生既喜欢"吃"，又喜欢"做"，对他来说，自己在家烹制各色美味的食品，已成为日常生活中极其理所当然的一件事了。

上：运用烟熏培根做成的培根鸡蛋意面，突出了培根浓郁的独特风味，着实是一道美味。
右：牛肉和培根经过几十分钟的熏制就大变身，牛肉被做成了适合当下酒菜的牛肉干。

◇◇◇◇◇◇◇◇◇◇◇◇◇◇◇◇◇◇◇

我 的 自 家 秘 制 菜 谱 1

简单版牛肉干&轻烟熏市售培根

【食材】

- 牛腱子肉…200克 • 刺身甜酱油…适量 • 培根…300克
- 喜欢的烟熏木屑片…适量

【步骤】

❶ 将牛肉切成喜欢的大小，平铺着码放在容器中，倒入酱油，使其刚好没过牛肉，腌渍1晚。
❷ 将腌渍好的牛肉捞出，用厨房纸巾将表面的液体擦拭干净。
❸ 在烟熏器中放入两把烟熏木屑片，在铁丝网上平铺码放上牛肉和培根，开火熏制。
❹ 以中火熏制，培根变色后即可取出，而牛肉还需要10分钟左右才能熏透。将熏透的牛肉取出，将表面残留的液体擦拭干净，利用干燥网等工具，使其自然风干即可。

＊牛肉如不进行最后的风干步骤，熏好后直接吃也会非常美味，培根经过这样的熏制过程后，其独特的香气又将提升一个档次，直接当做小吃或简单的下酒菜也是可以的，不过更推荐做成沙拉或培根鸡蛋意面等菜品。

不要做太复杂和难做的菜。
因为大家都希望能快点吃到饭菜，
"能够轻松简便地做出来"
是自己在家烹制小菜的基本原则。

下图中的柚子和黑豆是朋友送的，远处的柑橘则是在自家院子里树上采摘下来的。

小雀先生很擅长烹制"户外料理"，但令人颇感意外的是，他对米糠腌渍类菜肴也情有独钟。"虽然在户外大多会做偏西式风格的料理，但在自己家的话，有时候有味噌汤、米饭和米糠腌菜就足够了！"小雀先生这样说道。说起米糠腌菜，当然要自己在家制作。小雀先生在宫崎的朋友，有时会送来一些用无农药糙米制成的米糠，这时候他就会做自己最拿手的美味米糠腌菜。算起来，他制作米糠腌菜已经整整有8年时间了。"做自己想吃的东西是人们自己在家烹制美食的原动力。对于不论如何都想吃到的东西，在我开始一个人生活之后，便照葫芦画瓢地开始学着做起来了。"小雀先生微笑着说道。

这次教大家做的几道菜中，甚至有熏制类菜肴和煮黑豆。通常大家会觉得"好像比较难做，要花费很多时间吧"，因此望而却步了。对于这种顾虑，小雀先生是这样解释的："如果是那种要花上几天的时间，耗费很多工序的大工程，大家都是没耐心去做的。所以我的基本原则是'能够轻松简便地做出来'。那道烟熏的肉菜利用了市售的培根。煮黑豆的菜谱也是我自己独创的，省去了不少繁琐的工序，能够轻松完成。"不过，虽说都是"省去了繁琐工序的菜谱"，成品的质量却没有打折扣。烟熏培根将培根的精华美味加以提升并充分呈现出来，显示了"正宗派"烹饪达人的实力。煮黑豆这道菜松软热乎的成品，也让人切实感受到了看似朴素的豆子其实也是如此美味。"我希望大家看了我的这些菜谱，会觉得'如果这样做就可以了的话，那我也愿意尝试一下'。如果能够得到大家这样的回应，我会非常开心。如果大家由此发现了自己在家烹制美食的乐趣，从而'入了坑'，不能自拔，就更棒了呢。"

我 的 自 家 秘 制 菜 谱 2

甜煮葛粉配黑豆 & 黑豆茶

【 食 材 】

• 黑豆…200克 • 葛粉…30克 • 白糖…30—50克

【 步 骤 】

① 将黑豆洗净,加入约600毫升的水,浸泡1晚。

② 取1只锅,将黑豆连同浸泡的水一并倒入,再添加一些水,使水的总量达到约500毫升,开火,以中火熬煮。

③ 为去除豆子中的涩味,煮好后需将黑豆捞出放在笊篱中沥去水分,将锅中的汤倒掉。

④ 将沥水后的黑豆再次倒入锅中,加入水,使液面刚刚没过黑豆,再次以中火煮至沸腾,而后调至文火,慢慢熬煮,直至黑豆变软。这时,根据个人喜好加入白糖,再将葛粉加水溶解开,倒入锅中勾一下芡,使汤汁更加黏稠即可。

✻ 与在新年等节日里吃到的黑豆有所不同,用这样的做法可以不必介意豆子的颜色、光泽度以及豆皮上是否有褶皱等等,可以当做黑豆制成的甜点。煮黑豆的汤里含有丰富的营养,建议当做黑豆茶来饮用。

我 的 自 家 秘 制 菜 谱 3

柚子生姜混合果酱

【 食 材 】

• 柚子…2个(大个) • 生姜…约50克
• 白糖…100克 • 葛粉…约1大匙

【 步 骤 】

① 将柚子仔细清洗干净,去皮,将皮与果肉分离开。将果肉的部分放入搅拌机中打一下,再用笊篱过一遍,滤出柚子汁。如果没有搅拌机,可以直接借助笊篱榨出柚子汁。

② 将柚子皮和生姜放入搅拌机中打碎,如果没有搅拌机,可以将它们分别切成细丝,将打碎的混合食材放入锅中煮至沸腾,再炖煮约1分钟左右,以去除其中的苦涩味。

③ 在锅中放入步骤1中榨好的果汁和步骤2中处理好的混合食材,加入一些白糖,开火炖煮,将葛粉加水溶解开,倒入锅中勾一下芡,使汤汁更加黏稠即可。

✻ 除直接食用外,还可加入酸奶或茶水中,或者用来抹面包,都很美味。

左: 煮制黑豆的汤也不要舍弃,可以当做“黑豆茶”来饮用。“不仅散发着清香扑鼻的热气,对身体也很有好处呢。”小雀先生这样说道。

右: 调制柚子生姜混合果酱,一剥开柚子的皮,一股清爽的香气便弥散开来,将柚子的皮与果肉分开,将果肉的部分放入搅拌机中。

用严选食材在家自制美食

肉类
料理

说起在自家烹制菜肴，最能玩味其中深层次乐趣的食材，莫过于肉类了。首先推荐大家尝试【烤牛肉】，这是"牛肉料理"中最具代表性的菜肴。用融入了精华与美味的雪花牛肉来做怎么样？这种牛肉从下刀切开的瞬间就会迸溅出新鲜的肉汁，柔软的质地让人着迷。【牛肉时雨煮】中生姜的香气如此分明，无疑是一道下酒的绝佳菜肴。在这道菜中，奢侈地使用了原产自美国的牛碎肉。其脂肪的质量非常棒，浓厚的甘香味也堪称妙绝、值得品味。如果想吃下饭的肉菜，推荐做道【牛肉松】，久煮之后水分充分散失，就如同半生的"振掛"（译者注：洒在米饭上的粉末状佐料）一般，浓缩的都是精华美味。此外还有【烟熏牛舌】【味噌腌牛肉】等菜肴，每一道都堪称牛肉料理中的精品。接下来便要说说猪肉了。第一道便是【生火腿】。在西班牙或意大利帕尔玛，人们制作这道菜的过程比较复杂繁琐，但在自己家烹制时，也有简单便捷的方法。而【猪肉香肠】更是在自家就能轻松制作。现在卖羊肠的店比较多了，很方便地就能买到做这道菜所需的食材。用冲绳县出产的猪肉馅，能够做出肥厚多汁的出色口感。最后要推荐的是分量感十足的【烤猪肉】。使用近年来广受欢迎的品牌猪肉，豪气十足地来做吧。

Beef／牛肉

牛 肉

牛肉的部位
被人们划分得很细致
每个部位都各具风味

　　日本的牛肉不仅出自国产牛，还有来自美国和澳大利亚等国的进口牛，以及以"品牌牛"为代表的和牛等。虽然和牛也包含在国产牛之中，但通常来讲，"国产牛"大多数

Check!

挑 选 时 的 要 点

挑选牛肉时不仅要选自己喜欢的部位，也要查看肉质情况，要选质地柔润、富有光泽，且颜色呈漂亮的鲜红色的。在买的时候多跟卖家沟通，告知一下你买牛肉是想要做什么菜，听听卖家的建议，也不失为一种聪明的做法。

充分了解牛身上
各个部位的不同特征
在做菜时区分使用
做出的牛肉菜肴味道
就会大有提升

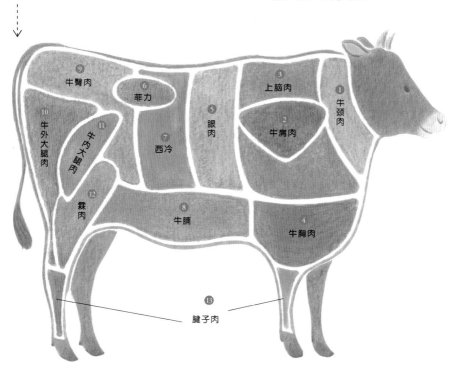

⑨ 牛臀肉
⑥ 菲力
③ 上脑肉
① 牛颈肉
⑩ 牛外大腿肉
⑪ 牛内大腿肉
⑤ 眼肉
② 牛肩肉
⑦ 西冷
⑫ 霖肉
⑧ 牛腩
④ 牛胸肉
⑬ 腱子肉

都是由荷兰种乳牛等品种与黑毛和牛交配而得到的杂交品种。如能对上述这些分类加以了解，在选购牛肉的时候就会心中有数了，所以请一定掌握并牢记。

举例来说，进口牛的肉质特点是红肉偏多，而和牛则以雪花肉为主，质地较为柔软。除了和牛以外，其他国产牛的价格更为亲民，即使全家一起吃也能负担得起。此外，不同部位的牛肉，适合制作的菜肴和调配的风味也各不相同。举例来说，在制作咖喱时，选用红肉较多的肉块或切成薄片的里脊肉，做出的味道就会大相径庭。如果还能一并掌握并记住不同部位牛肉的特征，就能根据想做的菜肴巧妙地选择适合的部位了吧。

牛肉的主要部位

❶ 牛颈肉

即牛脖子的部分，这一部位脂肪分较少而红肉较多，肉质较为坚硬，经常用于制作炖煮类菜肴，也常被处理成牛肉馅。

❷ 牛肩肉

这一部位虽然质地稍硬，但味道很不错，即使同样是牛肩肉，软硬程度也会有所不同。可以切成薄片做成寿喜烧，也可用于炖煮类菜肴。

❸ 上脑肉

这一部位的脂肪含量适中，风味甚佳，虽然筋稍有些多，但也含有部分被称为"垫子肉"的雪花肉，质量上乘。

❹ 牛胸肉

这一部位红肉与脂肪层层相间，外观非常漂亮，虽然肉质偏硬，但凝缩了牛肉的精华。韩餐中的"排骨"便出自这一部位，此外也常被制成牛肉馅或用于炖煮类菜肴。

❺ 眼肉

雪花牛肉的代表部位。肉质细腻而柔软，可用于制作牛排及拍松等，几乎不用费什么劲烹制，便能品味到其中蕴含的精华美味。

❻ 菲力

这一部位的主要特征是脂肪较少。红肉较多，但肉质也比较细腻柔软，其核心部位也被称为"chateaubriand"，即"夏多布里昂牛排"，非常珍贵。

❼ 西冷

背脊肉与大腿之间的部分，经常用来烹制牛排。不论从肉质的细腻程度、柔软程度还是美味程度来看，都是整只牛中质量最为上乘的部位。

❽ 牛腩

这一部位肉质较为粗糙，但味道非常浓厚。脂肪与红肉层层相间的五花肉便取自这一部位。上半部在韩餐中也被用于"排骨"。

❾ 牛臀肉

肉质非常紧实，弹性十足的红肉，味道十分鲜美，这一部位可以简单地做成牛排，在韩餐中也常被做成"生拌牛肉"。

❿ 牛外大腿肉

这一部位肉质较为粗糙，脂肪含量较少。由于主要是质地粗硬的红肉，经常要先切成块或薄片，处理成为精肉，再进行使用，适合用来炒制。

⓫ 牛内大腿肉

在牛的各个部位中脂肪含量最少。较之外大腿肉质地更加柔软一些，且由于肉质比较均匀，常用于制作烤牛肉。

⓬ 霖肉

牛大腿部分中肉质最佳的部位。其核心部分被称为"霖肉"，质地柔软而味道浓郁。可用于制作西式炖牛肉及烤架烤牛肉等，做法丰富多样。

⓭ 腱子肉

位于牛后腿与前腿的根部，是筋最多、最硬的部位，长时间炖煮后就会变得软烂，美味也随之被激发出来。

牛肝

营养非常丰富的部位。不仅富含维生素A、维生素B2等成分，铁元素的含量也很丰富，对改善贫血及夏季肢体倦怠有一定的功效。

牛横膈膜

牛的横膈膜从分类上来说并不属于肉，而属于内分泌腺体。虽然外观和味道都与牛肉的红肉相似，却比红肉的热量要低，吃起来更加健康。

牛肚

即牛的第一个胃，以硬实弹牙的口感为主要特征，结实且美味，可炒可炸，和许多烹饪方式都很搭配。

┌ 以上知识的提供者 ┐

▼

神泉荷尔蒙　三百屋
副代表　大串和也先生

大受欢迎到难以预约的烤肉店"三百屋"的厨师长，在三百屋，您一定能品尝到质量上乘的美味烤肉。
地址：涉谷区神泉町12-4　☎：03-3477-1129
营业时间：周一—周五18:00—翌日3:00
周六17:00—翌日3:00　周日17:00—24:00　全年无休

具有代表性的“品牌牛”

① 山形县 米泽牛

明治时代初期，米泽牛是因一位英国教师而闻名的“品牌牛”。在位于山形县南部的置赐地方一带养殖而成，饲料是用小麦、麦糠、非转基因玉米、大豆等混合制成的。

② 岩手县 前泽牛

坐拥奥州市前泽区的肥沃土地，与稳定的内陆型气候，加之大米产区丰富的稻草资源，最适合养殖肉用牛。持续稳定地出产着品质上乘的牛肉。

③ 岐阜县 飞驒牛

在岐阜县内养殖，年龄达到14个月以上，按照日本食肉评级协会的规定达到步留等级A级或B级，且肉质等级在3—5级的黑毛和种牛，通过牛身上的固体识别编号，可以查询到等级。

④ 三重县 松阪牛

从日本全国各地引入优秀的幼牛，其信息录入到松阪牛个体识别管理系统中。从生产到销售的相关信息、数据都会进行严格管理，出售时还会发放“松阪牛证书”。

⑤ 滋贺县 近江牛

于滋贺县境内，在充沛的水资源与丰美的自然环境中养殖的黑毛和种牛。主要特征在于“雪花肉”占比较高，且质地柔软、味道芳醇。

⑥ 兵库县 神户牛

在兵库县以“但马牛”定义的牛中，肉质等级需达到4级以上，“雪花肉”比例的BMS指数需达到6以上，带骨的腿肉重量须在470克以下，全部满足这些严苛的条件，才能够被认定为“神户牛”。

⑦ 佐贺县 佐贺牛

于JA Group佐贺的农家饲养，且按照日本食肉评级协会的规定，肉质等级达到4—5级，“雪花肉”的BMS达到7以上的黑毛和种牛。这一品种的养殖非常精细，连牛舍环境都得到了妥善的布置。

牛的品种

真正被称作“和牛”的
其实仅有4个品种
日本国产牛大多为杂交品种

日本的牛大致可分为肉用牛与乳用牛两大类。其中，肉用牛是指以生产牛肉为目的而饲养的牛，也就是“肉牛”。肉牛又可以分为“肉用种（和牛）”“杂交种”和“乳用种”这3类。而真正被称作“和牛”的，其实只有“黑毛和种牛”“褐毛和种牛”“无角和种牛”“日本短角种牛”4个品种。其中，和牛肉的市场流通量仅占牛肉流通总量的15%左右。尤其是“黑毛和种牛”，其肉与脂肪相交杂的状态堪称全球最佳，作为一种产出“铭柄牛”较多的品种也颇受欢迎。顺带一提，通常所说的“日本国产牛”，指的是“肉用种与乳用种交配后得到的杂交种”，以及“乳用种”。

保存牛肉的要领

牛肉趁着新鲜吃掉当然是最理想的，但如果一时吃不完，基本原则是应冷冻保存。可以急速冷冻起来，并在之后的半个月内食用。食用前，应先移到冰箱冷藏室内，使其慢慢进行自然解冻。

▶ 混合肉馅
可以做成“汉堡肉饼”再冷冻保存

由于肉馅非常容易变质腐坏，建议先做成“汉堡肉饼”再保存。到食用的时候只需调制个酱汁，可谓没时间做饭时的一件“神器”。不经过解冻直接拿出来制作炖煮类菜肴也是可以的。

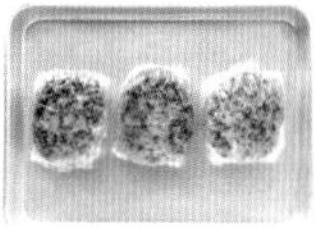

所谓的“A5”是什么？

日本的牛肉是有等级之分的，标准由（社团法人）日本食肉评级协会所规定，并在日本全国范围内统一实行。其中包括按照不同肉的重量占比来判定的“步留等级”（共3个级别），以及根据“雪花肉”的质地及光泽度等来判定的“肉质等级”（共5个级别）。将二者相结合，便可把牛肉划分为15个等级。肉量越多、肉质越好的牛肉，判定的等级越高，售价也会越高。

▶ 步留等级

优	⟷	劣
A	B	C

根据肉的部分在整只牛中所占的重量比来判定。判定时需分别测定里脊处横断面的面积、五花肉的厚度、皮下脂肪的厚度和“冷体重（牛单侧带骨的腿肉重量）”，而后根据计算公式按照一定的基准进行计算，根据得出的值划分为3个等级。其中B级为标准值，A级为比B级更为优质，C级较之B级相对劣质。

▶ 肉质等级

优		⟷		劣
5	4	3	2	1

肉质等级的判定要点在于脂肪的交杂度（脂肪与肉相间分布的具体情况）、肉与脂肪的光泽度、肉质的紧凑程度，以及肌理的细腻程度。各个项目均由评级专员参考评级流程图通过肉眼观察来进行判断。颜色及光泽度以3级为标准值，5级为最佳。脂肪交杂度则按照脂肪含量的多少来判定，1级为最少，5级为最多。

黑毛和种牛

日本的各种和牛中，养殖地区最多的品种，也是日本引以为傲的专用肉牛品种。作为珍贵的遗传资源，甚至在国外都吸引到了诸多关注的目光。

无角和种牛

以山口县萩市为中心养殖的品种，在昭和40年代（20世纪60—70年代），养殖曾盛极一时，但现在养殖数量已经有所减少。在肉质上与黑毛和种牛的风味较为接近。

褐毛和种牛

朝鲜系牛的改良品种，以褐色的毛色为一大特征。可区分为熊本系和高知系两大系列，肉质仅次于黑毛和种牛。

日本短角种牛

以岩手、青森、秋田、北海道为中心养殖的品种。由于比较耐寒，该品种适合放牧养殖，产出的牛肉红肉较多而脂肪含量较低，但现在养殖头数已经有所减少。

▶ **切成大块的牛肉可以直接冷冻**

如果要切成大块的牛肉，可以先切成便于使用的大小，然后在肉块之间留出一定的间隔，摆放到金属托盘等容器中，放到冰箱冷冻室内进行急速冷冻。冻好后取出，一块一块地分别用保鲜膜、保鲜袋等包起来，再放回冷冻室中。

▶ **也可烤好后再进行冷冻**

先在牛肉上撒上盐和胡椒粉，放到平底煎锅内煎烤一下。烤好后再冷冻，可以锁住牛肉中的精华，而且不经解冻就可直接拿出来做西式炖牛肉等菜肴，烹制起来非常方便。

┌─ **牛肉的营养价值** ─┐

▶ **牛肉是营养的宝库**

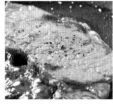

牛肉含有丰富的维生素、矿物质及铁元素等多种营养成分，是一种能够补充体力、强健体魄的食材。肉中丰富的蛋白质可以构建机体的筋肉，内脏与血液中，胆固醇还能构建起坚实的血管，对我们维持身体的健康大有益处。

┌─ **处理牛肉的要领** ─┐

▶ **处理时多加一道工序就能把牛肉做得更健康**

对于牛肉中脂肪较多的部分，可以先用沸水焯一下，去掉多余的脂肪后再进行炖煮，此外，在做牛排时，可以使用底部凹凸不平的煎锅，这样多余的油脂就会流入凹槽中，使煎出的牛排吃起来更健康。如果使用普通的平底煎锅，则在煎好后用厨房纸巾等吸除多余的油脂也是可以的。不过要注意，如果牛排中剩余的脂肪太少，肉质就会变得干巴巴的，损失了良好的口感反而得不偿失，所以吸取油脂时要控制好度。

033 烤牛肉

盐在调味的同时也能使食物更耐保存

将肉类用盐充分揉搓一下，不仅为其添加了一层底味，盐具有的杀菌作用，还能有效延长肉类食物的保存时间。要抱着"让盐分充分渗透到肉块内部"的想法，用力地去揉搓。

▽ ▽ ▽ ▽ ▽ ▽ ▽

【工 具】

• 方平底盘
• 刷子
• 平底煎锅
• 铁钎子

【食 材】

• 牛大腿肉（霖肉）…1千克
• 盐…少许
• 黑胡椒粉…少许
• 擦好的大蒜泥…50克
• 色拉油…50—100毫升
• 山葵…50克
• 溜酱油…50毫升
• 芥末粒酱…1大匙

【步 骤】

❶ 将牛肉从冰箱中取出，放到方平底盘等容器中静置约1个小时，至其温度恢复至常温。在牛肉的表面撒满盐，充分揉搓时一定要用力，以让盐分渗进牛肉的纤维里去。

❷ 在步骤1中处理好的牛肉上撒入黑胡椒粉。

❸ 把擦好的大蒜泥抹在步骤2中处理好的牛肉上，揉搓一下。

❹ 在步骤3中处理好的牛肉上倒上色拉油，用刷子刷一遍。

❺ 将平底煎锅在火上烧热，放入牛肉，煎烤至表面焦黄。

❻ 将牛肉放入烤箱中，待余温散去后，以200℃的温度烤制约40分钟。烤好后，取出牛肉，根据个人喜好添加一些山葵、溜酱油和芥末粒酱等即可。

┌─ 制作时的要点 ─┐

用盐揉搓

在表面刷油

用平底煎锅烤制肉块表面

确认烤制的效果

❶要抱着"让盐的味道充分渗进到里面去"的想法，用力地去揉搓。 ❹对于本身脂肪含量较少的牛大腿肉，在表面刷上一层色拉油，有助于为其增香。 ❺用平底煎锅烤制时，应先烤制肉块的表面，以锁住其中的精华。 ❻将铁钎子从牛肉块中心处插进去，等待约10秒钟后拔出，用舌头舔一下测测温度。如果铁钎子还是凉的，则需再烤制约5分钟。如果是比较温热的，则说明已经烤好了。

/034 牛肉时雨煮

【工 具】
• 锅　• 木质的勺子

【食 材】
• 牛碎肉…300克　⎰• 酱油…3大匙
• 酒…100毫升　 Ⓐ • 白糖…2大匙
• 生姜…2块　　 ⎱• 日式甜料酒…2大匙

【步 骤】
❶ 将牛肉切成大小便于一口吃下的肉条。
❷ 将生姜切成细丝。
❸ 坐锅，倒入酒，煮开，将牛肉和生姜放进去，迅速地煮一下。
❹ 在步骤❸的成品中倒入Ⓐ中所述食材，进行炖煮，煮至锅内的汤汁仅剩下初始时的一半即关火。

┌──────────────┐
│　制 作 时 的 要 点　│
└──────────────┘

切牛肉条

将酒煮开

充分炖煮

❶为便于食用，需将牛肉切成能一口吃下的大小，并且要切得大小、薄厚均匀，以便于在炖煮时同时熟透。❸ 将酒煮开一次，以去除其中的酒精成分。❹要一直炖煮至汤汁几乎收尽为止。为防止糊锅，需以文火慢煮，且其间应时常用木质的勺子或筷子进行搅动。

┌────────────────────────┐
│　另一道利用牛肉时雨煮做成的佳肴　│
└────────────────────────┘

牛肉时雨煮烤饭团

【食 材】
• 牛肉时雨煮…100克
• 米饭…400克
• 酱油…适量
• 芝麻油…适量

【步 骤】
❶ 在碗中放入米饭和牛肉时雨煮，充分搅拌均匀后，捏成比较坚实的饭团。
❷ 在步骤❶中的成品表面涂抹上1层酱油。
❸ 在平底煎锅中倒入芝麻油，烧热后放入步骤❷中的成品，煎烤至两面焦黄即可。

Recipe

035 味噌腌牛肉

▽ ▽ ▽ ▽ ▽ ▽ ▽ ▽

【工具】
• 碗或盒状的容器

【食材】
• 牛上脑肉…600克
【腌渍用料汁所需食材】
• 白味噌…600克　• 溜酱油…1大匙　• 苹果…1个
• 酒…2大匙　• 日式甜料酒…2大匙　• 白高汤…2大匙
• 喜欢的调味品和植物香料…适量

【步骤】
❶ 将苹果擦成苹果泥，放入容器中，加入白味噌、溜酱油、酒、日式甜料酒及白高汤，充分搅拌均匀，制成用于腌渍的料汁。不时尝尝味道，并根据个人喜好加入适量的调味品，或植物香料，调整料汁的味道。
❷ 将牛肉表面多余的水分用厨房纸巾等擦拭干净，放入步骤1中做好的料汁中，静置腌渍1—2天，直至完全入味，吃的时候，将牛肉取出并适当去除表面多余的料汁，再用中火烤至约半熟的程度即可。

Column

▽ ▽ ▽ ▽ ▽ ▽ ▽

将味噌腌渍类菜肴
做出属于自己的独特味道

通常来讲，配制味噌"腌床"的基本配比是"10份味噌:3—4份酱油:1—2份甜料酒:0.5份白糖"。不过，这样的配比主要是为了更长久地保存食物，所以味道会显得过于浓重。因此，也可以用水果擦出一些果泥加进去，或是调整一下调料的用量等等，发挥创造性，做出一款自己喜欢的、味道独特的"腌床"吧。

Recipe

036 烟熏牛舌

▽ ▽ ▽ ▽ ▽ ▽ ▽ ▽

【工具】
• 食品专用保鲜袋　• 碗　• 刷子　• 烟熏器

【食材】
• 牛舌（切成块状）…1条　• 腌泡汁…适量　• 橄榄油…少许

【步骤】
❶ 将牛舌从中间平剖开，使厚度变为原先的一半，放入食品专用保鲜袋，倒入腌泡汁，密封好袋口后静置腌渍约10小时。
❷ 将步骤1中处理好的牛舌取出放入碗中，在流水下漂洗约1.5小时，以去除其中的大部分盐分。
❸ 将步骤2中处理好的牛舌取出，用厨房纸巾将表面多余的水分擦拭干净，再在表面用刷子等工具薄薄地涂刷上一层橄榄油。
❹ 将步骤3中的成品放入烟熏器中，以50—60℃的温度熏制2小时即成（其间需将牛舌翻1次面）。

Column

▽ ▽ ▽ ▽ ▽ ▽ ▽

制作自己喜欢的腌泡汁吧

在水中加入盐、酱油和白糖，再根据个人喜好添加一些调味品或植物香料，就能配制出一款属于自己的腌泡汁了。比起单调的烟熏液，这样的腌泡汁在味道上更加富有个性，配制出自己喜欢的腌泡汁，运用到烟熏类菜肴中去吧。

制作时的要点

煮 制

煮 开

收 汁

❶需将牛肉馅煮至松散软烂的状态。 ❸煮开后先不要搅动，继续熬煮即可。 ❹一直要煮至水分完全散失为止，为防止锅底部的牛肉馅糊锅，此时需不停进行搅动。

Recipe

/037 **牛肉松**

▽ ▽ ▽ ▽ ▽ ▽ ▽

【工具】

- 擦菜板
- 锅或平底煎锅
- 笊篱
- 木质的勺子

【食材】

- 牛肉馅…300克 • 水…200毫升
- Ⓐ
  - 生姜…1块（擦成生姜泥）
  - 白糖…2大匙 • 酒…4大匙
  - 酱油…3大匙 • 盐…½小匙

【步骤】

❶ 在锅中放入水和牛肉馅，开中火煮制。
❷ 边用木质的勺子搅动边煮，煮开后至牛肉馅松散软烂即关火。将牛肉馅捞出放入笊篱中，充分沥干水分。
❸ 取一只锅或平底煎锅，倒入Ⓐ中所述食材，再加入步骤2中的成品，开火煮制。煮开后转中火，继续熬煮。
❹ 随着汤汁变少，锅底部的牛肉馅会比较容易糊锅，所以这时需用筷子或木质的勺子等工具不停搅动。煮至完全收汁，水分均已散失后即关火。

Part.3
肉类篇
▽ ▽ ▽ ▽

027

牛肉

另一道利用牛肉松做成的佳肴

牛肉松配韩式酷辣拌菜

▽ ▽ ▽ ▽ ▽ ▽ ▽

【食材】

- 牛肉松…50克 • 豆芽…150克 • 韭菜…100克
- Ⓐ
  - 酱油…2大匙 • 白糖…1大匙 • 芝麻油…2小匙
  - 大蒜…½瓣（擦成大蒜泥） • 豆瓣酱…少许 • 白芝麻…适量

【步骤】

❶ 将大蒜擦成大蒜泥。
❷ 将韭菜切成长度约5厘米的段。
❸ 将豆芽和韭菜在沸水中迅速地焯一下，捞出后放入笊篱中，充分沥干水分。
❹ 在碗中倒入Ⓐ中所述食材，搅拌均匀。
❺ 将步骤4中的成品静置冷却，待其余热散去后，加入牛肉松，搅拌均匀即可。

143

Pork／猪肉

猪 肉

肉质柔软而腥气较轻
在菜肴中既可作主料
又可作辅料

　　猪肉和各种食材及烹调方法都很搭配，是人们每天的餐桌上都离不开的食材。据说，现在的肉用猪是由野猪经过品种改良而来的。猪肉现已成为在世界各国都广受喜爱的食材了。

猪 除 了 叫 声 以 外
哪 儿 都 能 吃 ？ ！
猪 肉 可 以 做 出 的 菜 肴 非 常 丰 富 多 样
无 愧 为 " 庶 民 派 食 材 "

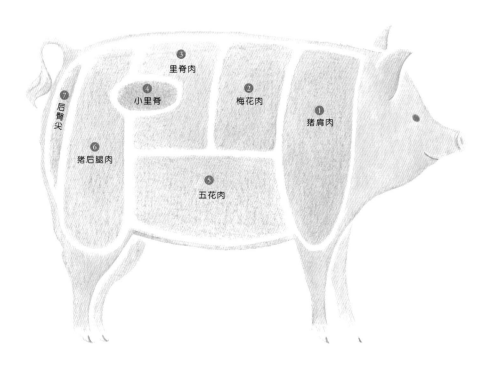

③ 里脊肉
④ 小里脊
② 梅花肉
① 猪肩肉
⑦ 后臀尖
⑥ 猪后腿肉
⑤ 五花肉

取材协助／YAKITON串烧专门店 "大地"
照片提供／TOKYO X生产组合 （社团法人）日本养猪协会 KiFarm

猪肉真正在日本普及开来，是明治时代以后的事情了。在自古便盛行养猪的冲绳地区，平均每人每年要吃掉多达20—25千克的猪肉。近年来日本国内大举推进肉用猪的品种改良工作，各地都出现了肉类食品的示范城市，出产的国产品牌猪肉也备受瞩目。

从营养价值的角度来看，猪肉不仅优质蛋白质和氨基酸的含量很丰富，还富含有"缓解疲劳的维生素"之美称的维生素B1。猪肉大体上可划分为7个部位，不过不只是猪肉，从内脏到骨头，猪身上的各个部分都能在烹饪中毫不浪费地加以充分利用，这才是猪之于食客的一大魅力。在烹饪时，猪肉即使用大火加热也不易变硬、变老，所以推荐用它来制作炸猪排、烤猪肉等菜肴，在自家烹制时还可做成猪肉香肠。

猪肉的主要部位

❶ 猪肩肉

作为运动量较大的部位，以脂肪较少而红肉较多为主要特征，由于肉质稍有些硬，适合于制作咖喱等炖煮类菜肴。

❹ 小里脊

肉质最为柔软，脂肪成分少，一头猪身上只能取到约1千克的小里脊，因而也是最为宝贵，售价最高的部位。

❼ 后臀尖

由于脂肪含量很少，吃起来比较有利于健康，虽然味道比较清淡，但与猪后腿肉一样，可以运用在丰富多样的菜肴中，如制作土豆炖猪肉等菜肴。

❷ 梅花肉

富含较多脂肪成分的梅花肉，肉质肌理比较细腻，不仅可以制作生姜烤猪肉和法式嫩煎等煎烤类菜肴，也适合于炖煮。

❺ 五花肉

猪腹部的五花肉的脂肪与红肉层层相间。虽然含有较多的脂肪成分，爱吃这一部位的人却不在少数，适合于做炖猪肉或在自家做成培根。

❸ 里脊肉

猪里脊肉历来都是做炸猪排时的不二选择，这一部位指的是胸部与臀部之间的部分，肉质较为柔软，脂肪与红肉的含量比例也较为均衡。

❻ 猪后腿肉

以红肉较多，肉质柔软为主要特征，是优质蛋白质含量非常丰富的一个部位，在炒猪肉等多种菜肴中均推荐使用。

挑选时的要点
▽

挑选猪肉时，要选整体都富有光泽且很有弹性，红肉部分的颜色呈粉红色的，此外，切口要平整滑润，且肉质的肌理比较细腻的猪肉，吃起来会更美味，如果颜色已经发暗，说明已经不新鲜了，而且很有可能已经腐坏变质，所以不要选，在肉类食品专家的眼中，如果一头猪身上以红肉为核心的猪臀肉很美味，则可判断整头猪的猪肉都好吃，在挑选五花肉时，要红肉的红色与脂肪的白色对比清晰分明的，此外，挑选猪肉馅时可以选择脂肪成分较多的，这样做出的菜肴会更加肥嫩多汁。

具有代表性的 "品牌猪"

① 山形县　平牧三元猪

利用3个品种混合杂交而成的"三元交配型"猪，在注重肉质的生产体系中，通过品种的混合杂交，最终得到了品质最佳的肉用猪品种。在左右猪肉味道的脂肪甘香程度，肉的弹性等方面，均得到了公众的好评。

② 岩手县　岩中猪

从繁殖到饲养，实行一贯制管理，通过了安全基准非常严苛的评定而成为了"SPF猪"。主要特征在于红肉中维生素E的含量很高，肉色鲜亮，且脂肪含量适中，味道温润醇厚。

③ 神奈川县　高座猪

从明治时代便开始养殖的品种，但也曾因饲养困难等原因而一度衰退。不过，后来随着当地养猪专家能手事业的复兴，品种的质量也有所提升。因其肌理细腻且肉质柔软，在食客中大受欢迎。

④ 鹿儿岛县　鹿儿岛黑猪

以鹿儿岛县固有的黑猪品种为基础，引入巴克夏的品种，反复进行杂交改良后最终得到的品种，作为黑猪尖端品种的诞生地，当地的相关研究也在火热开展，至今仍在不断产出新的改良品种，以味道鲜美、嚼劲十足的肉质为一大魅力。

猪的品种

大多为"三元交配"而得到的杂种猪

在日本，猪的主要品种数量繁多，不仅有约克夏猪、巴克夏猪、长白猪、大约克夏猪、汉普夏猪及杜洛克猪等纯种猪，市面上出售的猪肉，几乎都出自由2—3种纯种猪进行配种和交配而得来的杂种猪。由于不同品种的猪在繁殖力、产肉性、强健度等方面各具优势，将它们进行杂交后，产生的品种在肉质、产量、经济性等方面的表现会更加均衡，更利于生产出质量上乘的猪肉。通过人们在品种改良的道路上积淀的诸多努力，杂交猪肉可以说也确立了它们在食材中的重要地位。

保存猪肉的要领

与牛肉相比，猪肉的保存期更短，保存时，要注意避免与空气接触，应先用保鲜膜严实地包裹起来，再放入保鲜袋或密闭容器中。在进行冷冻的时候，一定不要使用托盘直接冷冻，这样反而更容易氧化变质，应当趁着新鲜，急速冷冻起来。

▶ 切成小块的猪肉
可以用料汁腌渍，再冷冻保存起来

先在保鲜袋内倒入适量的酱油、酒和日式甜料酒，把猪肉块放进去腌渍。要将袋内的空气完全挤出来，使猪肉块完全浸泡到料汁中去，然后进行急速冷冻，买得太多时可以先这样处理。使用时只需将其解冻后烤一下，就可以做成一道很棒的菜肴了。

谈谈猪肉的 "评级"

日本食肉评级协会，于昭和36年（1961年）开始实行一系列猪肉评定标准，其中，猪肉需在剥皮的状态下测定（带骨的腿肉）重量，以及背部脂肪的范围、外观、肉质等项目，再综合评定出"极上、上、中、尚可、等级外"这5个等级。红肉与脂肪比例均衡的猪肉，更可能得到较高的等级，所以，这是为猪肉进行"评级"时贯彻始终的一项判断标准。

▶ 所谓的 "SPF猪" 是什么？

SPF是英文"Specific Pathogen Free"的首字母缩写，SPF猪是指不携带会对猪的健康产生负面影响的特定病原体的猪，对其养殖设施在卫生及防疫层面进行严格管理，在健康的环境下饲养，人们通常会将SPF猪与无菌猪混为一谈，但其实SPF猪的体内是有益生菌的，而且猪没有腥味，肉质柔软，味道鲜美。

约克夏猪

中型品种，以凹陷的颜面部为主要特征，强健度与繁殖力较强，肉质也肌理细腻，味道鲜美。

长白猪

自昭和30年代（1955年起）引入日本的品种。现已成为养猪产业的支柱型品种。由于红肉含量占比较高，非常适合制成加工食品。

汉普夏猪

由于生长发育速度很快，且在红肉占比方面颇具优势，在日本全国范围内都有所推广。但由于肉质不尽如人意，现已成为养殖量稀少的品种。

巴克夏猪

别名"黑猪"，主要特征在于纤维柔软而细小，且肉味鲜美。近年来黑猪的产量正呈现爆发式的增长趋势。

大约克夏猪

繁殖力非常强，是日本猪肉生产中的核心品种。其红肉与脂肪含量比例适度，既适合于加工成精肉，也适合于制作加工食品。

杜洛克猪

继汉普夏猪之后引入日本，生长发育速度快，产肉量也很多。由于肉质很出色，经常作为基本品种被用于品种的杂交改良中。

▶ **切成厚片的猪肉
为做成炸猪排先做预处理
再保存起来**

切成厚片的猪肉很容易变质腐坏，所以必须先码上底味再进行保存。可为之后做成炸猪排做一些预处理，再用保鲜膜包裹起来进行急速冷冻，烹制时无需解冻，以低温炸制即可。

▶ **猪肉馅可以先炒熟
再冷冻保存**

将猪肉馅放入平底煎锅中炒制，至彻底炒熟后，放入盐和胡椒粉调味，而后静置至余热完全散去，再分成若干小份分别装入冷冻用保鲜袋中，无论是做烹炒类菜还是炖煮类菜肴时，使用这样保存的猪肉馅都能为菜肴增香添彩。

人气急升的"品牌猪"

据说，日本的"品牌猪"在全国约有250种之多。品牌猪的名号并非来自那些已经成为品牌的品种，而是从杂交得到的新品种中选择优秀的培养成品牌，最终作为品牌猪登记入册的。

▶ TOKYO X

以全新的方法开发出的新品种。选用了脂肪的味道与质量均属上乘的"北京黑猪"，筋的纤维细腻且肉质出色的"巴克夏猪"，以及脂肪杂交上佳的"杜洛克猪"，将这3个品种通过多达5代的反复杂交才得到了"TOKYO X"这一新品种，其肉质有着令人惊异的清爽感。

▶ **著名的AGU猪肉**

公元14世纪时由中国传入日本，直至今日都被称作梦幻的猪肉，为琉球群岛的本地品种。如今，纯种AGU猪数量正在减少，根据现在的定义，如果公猪带有50%以上的"JA冲绳"血统，杂交出的猪即为AGU猪，AGU猪脂肪中蕴含精华，口感清爽不腻，味道也温润醇厚，受到了众多食客的欢迎。

Recipe /038 烤猪肉

▽ ▽ ▽ ▽ ▽ ▽ ▽

【工具】

• 搅拌机（可用细眼滤网代替） • 风筝线
• 碗或盆状的容器 • 锅

【食材】

• 猪里脊肉…600克
【腌渍用料汁所需食材】
• 洋葱…1个 • 大蒜…1瓣 • 酱油…2大匙
• 白糖…1大匙 • 酒…1大匙 • 五香粉…1小匙
【高汤所需食材】
• 蜂蜜…2大匙 • 酱油…2大匙 • 酒…2大匙

【步骤】

① 将洋葱去蒂，去皮，切成大块，将大蒜去蒂，用菜刀拍一下，去除皮和中间的蒜芽，将处理好的洋葱和大蒜一起放入搅拌机中打一下，或直接切成碎的末。取碗或盆状的容器，放入腌渍用料汁所需的全部食材，充分搅拌均匀，边尝边调整味道，使味道比通常调味时稍浓，咸一些。

② 将猪肉用风筝线捆扎起来，整理成圆柱形，放入步骤1中调好的料汁中，使猪肉沉到容器的底部。放入冰箱中冷藏腌渍，至少腌渍1晚，如果条件允许，可腌上2天左右。

③ 取出腌渍猪肉的容器，捞出其中的洋葱等固体状食材，再静置约1小时，使其温度恢复至常温。将烤箱的温度设置为220℃。不预热，直接烤制30分钟左右。坐锅，倒入高汤所需的全部食材，烧热，将猪肉从烤箱内取出，放到锅中烤一下，其间需不时翻动，以使加热好的高汤均匀地裹到猪肉上，这样烤好后再将猪肉放回到烤箱中，再烤制5分钟左右。

④ 将猪肉从烤箱中取出，移到金属托盘等容器中，静置至余热散去即可享用。

腌渍

烤制

冷却

② 用风筝线捆扎住猪肉，目的是整理其形状。这一步也是最终做出形状规整漂亮的烤猪肉的一大关键。③ 需烤至高汤均匀地裹到猪肉上，且整体呈漂亮的金红色，这一步不仅上了色，还提升了成品的光泽度。④ 待余热散去后，味道会融合得更加统一。充分冷却后，可放入密闭性较好的容器中进行保存。

Column

▽ ▽ ▽ ▽ ▽ ▽ ▽

做成炖猪肉的方法

将用于腌渍的料汁等用水稀释一下，将猪肉放进去煮制，即可做成炖猪肉。这样做无需放油，且煮制过程中也会拔出猪肉中的部分油脂，所以能够降低热量的摄入。做炖猪肉时，应选用普通铁锅，或者用压力锅也可以。

猪肉香肠

▽ ▽ ▽ ▽ ▽ ▽ ▽

【 食 材 】

- 羊肠 · 猪五花肉制成的肉馅…500克 · 盐…1大匙
- 黑胡椒粉…适量 · 多香果…适量 · 肉豆蔻…适量
- 橄榄油…适量

【 步 骤 】

❶ 将羊肠预先在水中浸泡一下。
❷ 将猪肉馅从冰箱里取出，置于碗中自然解冻，直至恢复至常温，然后在碗中倒入适量的盐、黑胡椒粉、多香果和肉豆蔻，用手将它们与肉馅充分混合，抓揉均匀。
❸ 将挤香肠用的金属嘴安装到香肠制作专用挤压袋上，注意不要留有缝隙，以免猪肉馅溢出。
❹ 用手将猪肉馅装入挤压袋内，并按压到靠近金属嘴处。
❺ 将猪肉馅装紧之后，将金属嘴对准羊肠的口，慢慢挤压口袋，将肉馅注入羊肠内，注意挤的时候要使羊肠内的猪肉馅装得紧实，且使羊肠粗细均匀。
❻ 将挤压袋内的猪肉馅全部挤净后，将羊肠的末端打个结，剪掉多余的部分，再将羊肠分段，拧出节点，分段的时候要注意同时考虑香肠的总长度，以及食用时的方便性，选取适当的间隔长度。
❼ 准备蒸制容器，将步骤6中制作好的香肠放入，用蒸锅蒸制约20分钟。
❽ 蒸好后取出，用菜刀从各个节点处切开，取平底煎锅等容器，在锅底涂上一层橄榄油，将切好的香肠煎至色泽红润即可。

Column
▽ ▽ ▽ ▽ ▽ ▽ ▽

使用套装工具会更方便

羊肠可以在大型的手工艺用品商店或较大的精肉店等地方买到，几百日元就能买到十几米。并且也能买到制作香肠时必备的套装工具，包括挤肉馅的挤压袋和金属嘴儿等，使用起来非常轻松便捷，新手也可以放心地尝试使用。

生火腿

▽ ▽ ▽ ▽ ▽ ▽ ▽

【 食 材 】

- 里脊肉…500克 · 盐…50克 · 黑胡椒粉…适量

【 步 骤 】

❶ 首先去除猪肉表面多余的脂肪，并将污物等清理干净。
❷ 将猪肉表面涂一层盐，并稍稍用力将盐按揉进肉里去。
❸ 将步骤2中处理好的猪肉用吸水纸包裹好。
❹ 将步骤3中的成品装入可密闭的塑料袋，密封好后放入冰箱内冷藏腌渍1—2天。取出查看时如见多余的水分已经析出，则表明前期的初步处理已经完成。
❺ 除去外层的塑料袋和吸水纸，将猪肉表面多余的盐分清除掉，再用厨房纸巾等将表面的水分吸除干净。
❻ 在步骤5中处理好的猪肉上撒上黑胡椒粉，再用吸水纸包裹好，静置使其自然风干。
❼ 吸水纸需每隔两天更换一次，风干约2—3周即可。也可不包裹吸水纸，直接放入冰箱中冷藏风干约3周。

Column
▽ ▽ ▽ ▽ ▽ ▽ ▽

彻底消毒，以预防食物中毒

与生火腿的发源地意大利情况不同，日本的气候高温多湿，杂菌容易滋生繁殖。所以在制作生火腿时，利用同样备风干作用的冰箱会比较方便，不过使用时一定要将冰箱及其他制作工具都用食品专用的消毒喷雾喷一遍，以除菌消毒。

食品熏制秘籍

说起"熏制食品"，大家一听就会觉得很难。但其实在自家厨房里，用中华锅就能做出熏制食品来，过程比想象中的要简单。或许是因为多少也要花费一些工序吧，难免给人以一种"看起来很难做"的印象。也正因为这样，当最终大功告成时，所获得的喜悦与成就感也必将是加倍的。

point 1

通过"烟熏制"，可以将食物更加长久地保存，有效防止害虫等对食物的侵害。熏制类食品，确实是一种将人类自古以来的智慧凝结于一身的佳肴。

说起来，究竟什么才是"熏制"？

虽然并不知晓确切的起始时间，但熏制食物的历史确实相当久远。据说，在距今约100万年前，人类学会使用火的时候，熏制就作为烹饪方法出现了。根据古书的记载，在距今约1500年前时便已有关于人们食用"鲣鱼干"的描述。不过，火腿及培根等熏制类食品真正传入日本，已经是江户时代后期至明治时代的事情了。从那以后，它们便与日本人的日常餐桌结下了不解之缘。近年来，虽说并不能用"回归原点"这样的词来形容，但自己亲手制作熏制类食品、享受其中乐趣的人的确越来越多了。

烟熏的方法包含用盐腌渍、拔出盐分、烟熏、风干等工序，经过这一系列过程，食材中的水分得以充分散失，精华也被浓缩。此外，用烟熏制的方法具有较强的抗菌功效，在前期准备工作都仔细做足的前提下，烟熏具有延长食物保存时间的优势。

那么，从今天就开始努力，向成为"自家熏制达人"的目标进发吧！

熏制食品Q&A

Q1

熏制类食品的保质期是多久？

热熏类食品很难保存，所以建议尽快享用，如果希望能够保存较长的时间，建议使用冷熏法来做，花较长的时间来慢慢熏制。

Q2

最终做出的味道怎么总感觉有点儿咸？

原因之一在于腌渍的时间过长，视食材的情况，也可以在熏制好后再用水洗一遍，以拔出其中的部分盐分。

Q3

在没有厨房的出租公寓里也可以做吗？

可以的。建议使用出烟量较小的家庭用焖熏器，不过，由于熏制时会产生一些特殊的气味，还是要注意通风换气。

【烟熏的方法】

根据所处理食材的不同，烟熏的方法可大致分为3种，即以低温长时间熏制的"冷熏法"，以高温在较短时间内完成熏制的"热熏法"，以及介乎二者之间的"温熏法"。进行烟熏时，选取的方法将在很大程度上左右成品的味道，所以请一定掌握并牢记这3种方法。

热熏

以100℃左右的高温，对食材进行短时间烟熏的方法。保持高温是这一方法的关键，不过也要注意不要让烟熏木屑片起火。利用小型烟熏器的话，自己在家也能轻松玩转热熏法。

仅需烟熏20—60分钟。由于在较短的时间内就能完成熏制，非常适合时间有限制或在户外熏制。由于这样熏制出的食物很难保存，做好后请尽快食用。

温熏

以60—80℃的较高温度熏制食材的方法。比较适合于中型或大型烟熏器。由于熏制时间较短，且不论四季均可操作，推荐新手尝试运用。熏制时一定要注意控制好温度。

当食材熏制好后，也还残留有大约一半的水分，能够获得比较适中的柔软度，保质期也较短，约为3—5天。

冷熏

始终保持30℃左右的温度来熏制食材的方法。因为必须使大型烟熏器内持续保持低温，操作原则是选择气温较低的季节，且应在户外进行熏制。这种熏制方法仅在天气较为寒冷的时期才能够使用，更适合熟练的老手。

由于烟熏的时间较长，熏制食品制好后会失去一半以上的水分，水分残留仅约40%，因此，能够保存大概1个月以上的较长时间。

烟熏材料的种类

根据用途，区分使用

樱花木/烟熏材料中最有名的一种，由于香气很浓郁，能够彻底去除食材中的异味，最适合用来熏制水产类食材。

苹果木/主要特征在于果实特有的甘甜香气，由于熏出的味道比较温和，适用于鸡肉、豆腐等异味较轻的食材。

胡桃木/肉类、水产等食材均可熏制的"万能型"材料。

橡木/建议用来熏制奶酪及鸡肉等食材。由于能够熏出较为温和的香气，适合新手尝试。

烟熏棒

用打火机就能轻松点燃的棒状烟熏材料。一根约可熏制2小时。

压缩烟熏木

用碎木屑压缩而成，形状呈长方体的棒状烟熏材料。一根大约能持续燃烧4小时。

烟熏木屑片

将木材劈成细碎的小片而成。根据取用木材的不同，有很多种类。500克的烟熏木屑片约可熏制2小时。

自己在家进行熏制时，确实使用中华锅就可简便操作，但既然是在家精心烹制美食，还是建议备齐一套专用工具。烟熏器的种类有很多，既有专业人士喜欢使用的大型烟熏器，也有在自家厨房也可使用的小型烟熏器。而烟熏材料，可以根据个人喜好及熏制环境等来选择。按照自己心中的想法，尽情玩转"烟熏"吧！

必须用到的工具一定要准备齐全

中华锅与荷兰烤肉锅

简单而便捷

中型烟熏器

有的出于节省空间的考虑还可以折叠收拢，转移搬运时也非常方便，虽然并不能进行冷熏操作，却让新手也能简便地玩转温熏法，是这款烟熏器的一大魅力。

推荐在帐篷露营时使用

熏制方法与中华锅相同，由于对烟的密闭性很好，最适合于热熏操作。

推荐新手使用

在铝制金属箔上放上烟熏木屑片，再架好金属网，就可以方便地开始操作热熏了。

小型烟熏器

家家都该备一套！

在锅中点火，再放入保温容器进行熏制的烟熏器，安全性较高。

小巧便于收纳

由于具有上下两层金属网，可以根据材料及熏制方法区分使用，是一件很好用的熏制器。

连老手都很认可！

大型烟熏器

最大的优势在于可以非常方便地调节烟熏器内的温度，是温熏、冷熏均可操作的一件神器，不过由于体积较大，存放时会比较占空间。

能让烟熏更加便捷的小工具汇总

密闭容器及塑料袋

在腌渍体积较大的食材时，借助相应容积的容器会比较方便，而小的食材用塑料袋来腌渍就可以了。

笊篱

风干食材时，可以放到笊篱上再移至室外。此外，笊篱还可以灵活运用，比如，不论是待烹饪的还是已烹饪好的食材，都可以用笊篱来暂时存放。

刷子

使用刷子可以将液体状的调料涂刷在食材的表面，使之渗入食材中。在为食材表面涂刷橄榄油时也很好用，是制作熏制类食品的一件神器。

point 3

烟熏是需要经过多道工序才能最终完成的。首先需要用盐腌渍，然后还要经过拔出盐分、风干、烟熏、熟成等一系列过程。正因为需要花费不少道工序，做出来的味道才格外特别。这里将介绍避免熏制失败的要点。请掌握并牢记，以"熏制达人"为目标而努力！

了解一下制作熏制类食品的要点！

Point 1

用盐腌渍

将食材浸泡在液体状的调料中，或是直接用盐揉码上底味。经过这道工序，不仅能够防止食物腐败变质，还能使成品的颜色更加漂亮。用盐的量可以根据个人喜好进行调整。

Point 2

拔出盐分

将用盐腌渍好的食材用流水冲洗，以拔出其中的部分盐分。这一步骤的目的在于调节食材表面与内部的盐分含量，只有切实完成这一步骤，最终的成品才可能长期保存下去。

Point 3

风干

基本上是对成品效果影响最大的一个步骤，只有让食材充分干燥，大大减少水分，之后在烟熏的步骤中才能更好地吸收烟中的成分，从而延长食物的保存时间。应在凉爽且通风良好的地方进行风干，不时观察食材的表面，如果已经干燥，就说明已充分风干了。

Point 4

烟熏

制作熏制类食品的主要步骤，能够为食材赋予独特的香气和美味。根据温度的不同，可大致分为冷熏、温熏和热熏3种烟熏方法。根据不同的食材和烹饪目的，区别运用这些方法吧。

Point 5

熟成

烟熏后，将食物在通风良好的地方放置一段时间，以散去一些别的异味，使味道更加温润醇厚。这一过程至少需要持续2~3小时，有些食材甚至需要熟成3天左右才能达到味道最佳的状态。

烟熏的基本步骤

放置烟熏材料

将烟熏木屑片、烟熏木等烟熏材料放入烟熏器中。

点燃烟熏材料

将烟熏木屑片放在热源上待其燃起，烟熏棒或烟熏木可直接用明火点燃。

放置食材

待烟熏材料已经完全起火出烟后，将食材放置到铁丝网上。

进行熏制

盖上盖子熏制，需根据食材的情况，控制好熏制的温度与时长。

用好盐腌法并有效使用调味品，是熏制过程中的两大要点。为了让做出的熏制类食品更美味，有必要掌握并牢记以下这些有关盐腌法与调味品的基础知识。

决定味道的关键在于盐腌法与调味品！

品味单纯的味道
烟熏液法

如果想要突出食材的原味，做出单纯的味道，建议使用由黑胡椒粉和植物香料混合而成的烟熏液。

【食材】
- 水…1升
- 天然盐…100克
- 植物香料…(包括芹菜叶3片，月桂叶2片，欧芹2枝)
- 黑胡椒粉…1小匙

【步骤】
1. 锅中加水，煮沸后加入盐。
2. 转至文火，加入植物香料和黑胡椒粉，再煮制约5分钟后关火。待锅中液体冷却后，倒进瓶子里。

让味道更加浓郁
腌泡汁法

根据食材的情况，选择多种不同的调味品及植物香料加以调配。熏制鱼及肉类时，在"用盐腌渍"步骤中需要用到腌泡汁。

【食材】
- 水…1升
- 天然盐…270克
- 三温糖…35克
- 酱油…50毫升
- 植物香料…适量
- 威士忌…20毫升

【步骤】
1. 将水、天然盐、三温糖、酱油及植物香料放入锅中，煮沸后转至文火，再煮制约20分钟，撇去浮沫，以去除苦涩味。
2. 关火，加入威士忌。待锅中液体冷却后，倒进瓶子里。

添加调味品，使菜肴风味倍增
调味品

1 红辣椒

香气中带有酸甜味，维生素C的含量非常高。适用于肉类食材，与火腿和香肠尤其搭配。

2 百里香

有着酸中带甜的香气，也略带一点苦味，具有杀菌防腐的作用，与鱼类、火腿和香肠都很搭配。

3 茴香

主要特征在于香气清爽而带有甘甜味，由于具有消除鱼腥味的功效，尤其适用于鱼类。

4 迷迭香

兼具甘甜的香气与些许苦味，是一款常规的调味品。由于去除异味的功效很强，与鱼和肉类最为搭配。

5 牛至

意大利菜肴中不可或缺的一味调味品，气味非常浓郁，与奶酪等同样气味浓重、风味十足的食材非常搭配。

6 丁香

在日本有"丁子"的别称，是一种具有芳香特质的植物性食材。适用于肉类。此外还具有抗菌及缓解头痛等功效。

7 其他

肉豆蔻…味道偏苦，异域情调十足，是做香肠时必不可少的调味品。
墨角兰…做肉类菜肴时必不可少的调味品，可以与罗勒一起使用。
鼠尾草…兼具浓郁的香气与清爽的苦味，适合于消除肉类的异味。

[熏制类 食品菜谱]

熏制的方法不仅可以应用于肉类和水产，还可以用于乳制品及鸡蛋等食材，适用范围非常广泛。一旦领略了熏制方法深层的妙处，定会从只有自家制作才能得到的美味中获得惊喜与满足。

Recipe_1

熏鸡肉

熏制好的鸡肉颜色呈焦糖色，是一道引人垂涎的菜肴。
切成薄片后当做下酒小菜再合适不过了。
无论做不做最后的熟成处理，都非常美味。

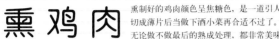

温熏

温度：60—80℃
适合烟熏的食材：培根、扇贝

烟熏材料
烟熏木¾块
推荐使用的木质…苹果木

食用时间
第2天—第3天

保存
冷藏可保存2—3天

[食材]

- 嫩鸡…1只
- 盐…2大匙
- 橄榄油…适量

【腌泡汁所需食材】

- 腌泡汁…500毫升
- 白葡萄酒…500毫升
- 罗勒…½小匙
- 牛至…½小匙
- 欧芹…2枝

① 彻底洗净

将嫩鸡左右对半切开，进行清洗，由于还有内脏残留，一定要用流水仔细冲洗。

② 加盐预腌

将嫩鸡表面的水分擦拭干净，再用盐涂抹，揉搓一遍，放到冰箱内冷藏腌渍1天。

③ 用腌泡汁腌渍

将制作腌泡汁所需的食材全部混合起来，搅拌均匀后和嫩鸡一起放入密闭容器中，再次放到冰箱内冷藏腌渍3天。

④ 拔出盐分

将容器取出放到自来水龙头下面，将龙头稍稍打开一点，冲洗2—3小时，以拔出盐分。

⑤ 擦净水分

将嫩鸡取出，用厨房纸巾等将其表面的水分仔细擦拭干净。

⑥ 自然风干

将嫩鸡放在笊篱等容器上，置于室外，自然风干1小时。

⑦ 烟熏＆熟成

在嫩鸡表面薄薄地涂刷上一层橄榄油，以70℃左右的温度烟熏约3小时即可。

Recipe_2

烟熏卤鸡蛋

将日式冷面料汁的甘甜与烟熏的涩味巧妙融合的卤鸡蛋。
浓郁的味道，让人发现鸡蛋不同于以往的另一面。
用半熟的鸡蛋来做也会很美味。

[食材]

· 鸡蛋…6个
· 橄榄油…适量
· 日式冷面料汁（按1份料汁：6份水的比例进行稀释）…300毫升

① 腌渍

将鸡蛋用水煮好后去壳。在密闭容器中倒入日式冷面料汁，放入已去壳的鸡蛋，放到冰箱内冷藏腌渍约12个小时。腌渍期间需不时取出将鸡蛋翻转一下，以腌渍得更加均匀。

② 烟熏

将鸡蛋表面的水分擦拭干净，码放在铁丝网上，用刷子在鸡蛋表面薄薄地涂刷上一层橄榄油。盖好盖子，密闭烟熏1—1.5个小时即可。

烟熏材料

烟熏木¼块
推荐使用的木质…樱花木、胡桃木、栎木

食用时间

6个小时之后

保存

冷藏可保存1—2天

温熏

Recipe_3

烟熏瑶柱

食材非常简单，所以更能使人感受到自然的精华美味。
根据个人喜好调制好混合腌泡汁，激发出瑶柱的美味吧。
放到冰箱里冷藏1晚，获得的味道更是令人惊喜。

[食 材]

· 扇贝贝柱…10—20个
· 白葡萄酒…100毫升
· 腌泡汁…⅓杯
· 月桂叶…2片

① 腌渍

在平底煎锅中倒入一半的白葡萄酒，放入贝柱煮一下，待白葡萄酒快煮沸时，将贝柱捞出，使其自然冷却，将剩余的白葡萄酒和腌泡汁、月桂叶混合起来，腌渍5个小时左右。

② 烟熏

将贝柱冲洗约1个小时，以拔出盐分，然后将贝柱表面的水分擦拭干净，置于阴凉通风处，自然风干约2个小时。最后，使用小型烟熏器熏制约2个小时即可。

烟熏材料

烟熏木½块
推荐使用的木质…樱花木、胡桃木

食用时间

6个小时之后

保存

冷藏可保存1—2天

Recipe_4

烟熏柳叶鱼

闪着金光的柳叶鱼，也叫胡瓜鱼，蕴含着你至今都未曾品尝到过的美味，以高温熏制，只需短短20分钟，一道香气四溢的烟熏胡瓜鱼就做好了。

> **热熏**
>
> 温度：100℃
> 适合烟熏的食材：花生

【食材】

· 柳叶鱼…16条
· 烟熏液…适量

① 涂刷烟熏液

将柳叶鱼的表面全面地涂刷上一层黑胡椒香液。涂刷好后马上把表面多余的液体擦拭干净。

② 烟熏

将柳叶鱼平铺码放在烟熏器中，盖好盖子，以比中火稍弱一点的火力，密闭烟熏15—20分钟即可。

> **烟熏材料**
>
> 烟熏木/块
> 推荐使用的木质…山核桃木、胡桃木、樱花木
>
> **食用时间**
>
> 做好即食
>
> **保存**
>
> 冷藏可保存1天

Recipe_5

烟熏奶酪

奶酪经过熏制，发出的香气非常引人垂涎，是一道连市售烤奶酪都甘拜下风的美味。不过要注意，不要让烟熏器内的温度升得过高。

【食材】

· 加工奶酪…2块（约225克）
· 胡椒粒…适量
· 橄榄油…少许

> **烟熏材料**
>
> 烟熏木1块
> 推荐使用的木质…山核桃木、胡桃木、樱花木、苹果木
>
> **食用时间**
>
> 第2天
>
> **保存**
>
> 冷藏可保存1周—10天

> **冷熏**
>
> 温度：30℃
> 适合烟熏的食材：牛肉干、鲑鱼

①
撒胡椒粉并轻按

在奶酪表面撒一层胡椒粒，并用手轻按，使其"嵌入"奶酪中。

②
涂刷橄榄油、烟熏

将奶酪放置在与烟熏材料有一定距离的地方，在表面全面地涂刷上一层橄榄油，熏制约4个小时，再放入冰箱内冷藏熟成1天即可。

超简单！3步即可完成

制作健康果蔬汁

榨汁其实很简单，只要有1台榨汁机，谁都可以轻松地享受自制蔬果汁的魅力。

这里将在充分考量营养均衡的基础上，为大家介绍一些"健康果蔬汁"的做法。

1天1杯健康果蔬汁，让身体更加欢畅。从今天就开始这样的健康生活吧！

注：食材的分量，均为制作200毫升果蔬汁时所需的量。

根据季节及品种的不同，食材中的含水量也有差异，因此菜谱中给出的水的添加量仅供参考，敬请根据个人喜好自行调节。

How to make

健康果蔬汁的制作方法

必备工具只有1台榨汁机而已！

工序也仅需将食材洗净、切好就行了。

即便在忙碌的早晨也毫不费事。

Step 1

洗净、去皮

像香蕉和柑橘这样的水果，只要把皮去掉就可以了。对于苹果和胡萝卜这样皮较薄的果蔬，也可以连皮一起榨汁，所以一定要清洗干净。冷冻的水果直接放进榨汁机里去榨就可以了。

Step 2

切块

将食材切成大小比较均匀的块。切成一口能够吃掉的大小为佳，这样榨汁机会更容易运转起来。对于香蕉和质地比较柔软的蔬菜，用手粗略地掰成段或撕一下就行了。

Step 3

榨汁

榨汁时不要一次性操作，要短时间、有间隔地榨，停机时用勺子等工具搅动一下，再继续榨。榨汁的时间要控制在1—2分钟左右。当果汁均匀地泛起波浪，且榨汁机发出的声音趋于安静，就说明榨好了。

Point

让果蔬汁更美味的5个诀窍

▶ 榨汁时先放入水分较多、质地较柔软的果蔬，这样榨汁机会更容易运转起来。

▶ 如果选用的食材水分含量较多（例如橙子、柚子、番茄等），则加水的量在50毫升以下即可。如果选用的食材水分含量较少（例如胡萝卜、油菜、香蕉等），则需加约80毫升的水来榨汁。

▶ 也可以不用水，而以牛奶、豆浆或酸奶等来代替，榨出的汁会更加美味。

▶ 季节与食材品种不同，甜度也会有差异，所以，也可以视情况添加一些甜味的食材。白糖、低聚糖、蜂蜜、炼乳、红糖……这些甜味食材的味道各不相同，根据个人喜好选择添加，也不失为一种乐趣。

▶ 果蔬汁榨好后，放置的时间越久，酵素及维生素等营养成分流失得越多，所以榨好后请尽快饮用。

Komatsuna

油菜

【营养成分】
铁、钙、胡萝卜素、维生素C

【与之相搭配的食材】
猕猴桃、柚子、芒果、柠檬、橙子、菠萝

原产于中国，江户时代中期便开始在日本种植的本地品种，味道最佳的时节为冬季，下霜后，甘甜味更浓，叶片也变得更加厚实、柔软。油菜中不仅富含能够预防动脉硬化及癌症的胡萝卜素及维生素C，还含有丰富的铁、磷及膳食纤维，钙的含量更是高达菠菜的3倍以上。由于油菜的苦涩味较轻，可以不必焯水，直接榨汁。

01

+

猕猴桃
【维生素C、E】 **= 抗氧化**

清除活性氧
预防不良生活习惯导致的疾病

猕猴桃富含具有抗氧化作用的维生素（维生素C、E），在油菜的基础上加上猕猴桃，抗氧化功效得到增强，能够榨出一杯更棒的健康果蔬汁。这样榨出的汁完全没有油菜生涩的异味，口感非常清爽。由于使用了带皮的柚子，会稍稍带有一点苦味，可以加些甜味的食材以使之更甜。

【食材】
· 油菜…2颗（约40克）　· 猕猴桃…1个
· 柚子（带皮）…½个　· 蜂蜜…1大匙

02

+

芒果
【叶酸】 **= 预防贫血**

对于生活持续不规律的现代人
尤其适合

叶酸有"造血维生素"的美称，在富含铁元素的油菜的基础上，加上叶酸含量丰富的芒果一起榨汁，强化了补铁功效。由于油菜没有什么生涩的异味，和各种水果都很搭配，加之这里还使用了酸奶饮料，口感会比想象的更加柔和。

【食材】
· 油菜…2颗（约40克）　· 芒果（冷冻）…40克
· 木莓（冷冻）…40克　· 酸奶饮料（原味）…100毫升

Carrot

Ginger

胡萝卜

【营养成分】
胡萝卜素、钾、钙、维生素C

【与之相搭配的食材】
红色彩椒、番茄、芒果、柠檬、橙子、苹果

原产于阿富汗北部的蔬菜，现在日本市面上销售的品种，以传统的橙色或红色的胡萝卜为主流。胡萝卜富含有抗氧化作用的胡萝卜素，具有预防癌症、动脉硬化及心脏病等疾病的功效，并因此备受瞩目。胡萝卜靠近皮的部分味道最浓，所以请尽量不要去皮，直接榨汁。

生姜

【营养成分】
姜辣素、姜油、钾、镁

【与之相搭配的食材】
洋梨、胡萝卜、菠萝、葡萄、桃子

一种具有香气的蔬菜，据说是公元3世纪以前从中国传入日本的。虽然并没有什么值得注目的营养价值，但其带有的辛辣味与香气具备一定的药效。生姜独特的辛辣味是姜辣素和姜油产生的。姜辣素能够改善血液循环，促进发汗，因而能够提升体温，加快新陈代谢。所以，生姜对感冒及寒症有一定的缓解效果。

 + 红色彩椒
【维生素A、C、E】

"

美肤

丰满富有弹性、光彩照人的肌肤不是梦！

在富含胡萝卜素的胡萝卜的基础上，添加富含抗氧化维生素的（维生素A、C、E）的红色彩椒，美肤功效得到了强化。

03

【食材】
• 胡萝卜···½根（约60克） • 红色彩椒···40克
• 芒果（冷冻）···60克 • 柠檬汁···1小匙
• 牛奶···80毫升 • 炼乳···1小匙

 + 洋梨
【山梨糖醇】

"

预防感冒
（缓解咽痛）

汲取"生姜之力"及早预防感冒！

洋梨中含有的山梨糖醇能够抑制咽喉部的炎症，且具有解热的功效。而生姜富含的姜辣素能够促进血液循环，二者结合，能够预防与缓解感冒，对于咽痛尤其有效。

05

【食材】
• 生姜···10克 • 洋梨···½个
• 柠檬汁···1大匙 • 蜂蜜···1小匙 • 水···50毫升

 + 番茄
【番茄红素、槲皮黄酮】

"

抗氧化

防止氧化铸就"不生锈"的强健身体！

加入了具有较强抗氧化作用的"健体成分"，抗氧化功效得到了进一步的加强。此外，槲皮黄酮能够有效提高维生素C在机体内的活性。

04

【食材】
• 胡萝卜···½根（约60克） • 番茄···½个（约70克）
• 葡萄···½串（约70克） • 柠檬汁···1小匙
• 蜂蜜···1大匙 • 水···50毫升

 + 胡萝卜
【胡萝卜素、维生素E】

"

预防寒症

适合于有寒症的人让身体温暖起来

胡萝卜中含有的维生素E和胡萝卜素能够促进血液循环，改善寒症，和含有姜辣素的生姜相结合，能够有效预防身体的寒症。

06

【食材】
• 生姜···10克 • 胡萝卜···30克
• 苹果···½个（约120克） • 柠檬汁···1小匙
• 蜂蜜···1大匙 • 水···80毫升

Fruit Juice

Orange

Apple

橙子

【营养成分】

维生素C, 胡萝卜素, 柠檬酸, β 隐黄质

【与之相搭配的食材】

柚子, 蓝莓, 木瓜, 芒果, 猕猴桃

橙子主要品种有脐橙, 巴伦西亚橙, 血橙等, 在榨汁时经常用到的是巴伦西亚橙, 橙子果汁丰富, 含有的香气, 酸味及甜味也非常均衡, 将橙子榨成汁, 比较不易破坏其中的维生素C, 能够让机体更充分地吸收其中的营养成分。

苹果

【营养成分】

钾, 维生素C, 膳食纤维, 苹果酸, 多酚

【与之相搭配的食材】

菠萝, 洋梨, 胡萝卜, 红色彩椒, 芒果

富士, 阳光富士, 乔纳金, 红玉……苹果的种类就是如此丰富, 酸甜的味道作为苹果一大特征; 是由其中含有的苹果酸产生的, 苹果酸具有抑制炎症, 清肺止咳, 保护黏膜的功效。此外, 苹果中含有的果胶属于膳食纤维的一种, 具有调理肠胃的作用, 苹果中还富含钾, 钙, 铁及维生素C等, 营养非常丰富。

 + 柚子
【维生素C】

预防感冒

散发着生姜的淡淡香气 -
是一款 "可以吃的果汁"

橙子中含有的 β 隐黄质, 与橙子和柚子中都富含的维生素C相得益彰, 其加成效果能够有效提高机体的免疫力。

07

【食材】

· 橙子…1个 · 柚子…½ 个
· 生姜…5克 · 蜂蜜 (根据个人喜好添加) …1小匙

  + 菠萝
【菠萝蛋白酶】

调理肠胃

（缓解便秘）

排除体内宿便
让肠胃舒畅爽快

菠萝中含有的菠萝蛋白酶是一种蛋白质分解酵素, 能够将肠内的老旧废物分解掉, 与苹果中富含的膳食纤维相结合, 其加成效果强化了调理肠胃的功效。

09

【食材】

· 苹果…½ 个 (约120克) · 菠萝…60克 · 酸奶…2大匙
· 水…50毫升 · 蜂蜜 (根据个人喜好添加) …1小匙

 + 蓝莓
【维生素E、花青素】

美肤

每日饮用隐出透明感十
足的美丽肌肤

蓝莓中含有的花青素和维生素E具有较强的抗氧化作用, 在橙子的基础上加上蓝莓, 抗氧化功效得到了进一步的加强, 榨出的汁也清爽而美味。

08

【食材】

· 橙子…½ 个 · 蓝莓 (冷冻) …50克
· 酸奶 (无糖) …80克 · 蜂蜜…1大匙

 + 洋梨
【天冬氨酸】

缓解疲劳

舒缓神经
赶走疲劳

洋梨中含有的天冬氨酸具有缓解疲劳的效果, 苹果中的苹果酸与洋梨中的天冬氨酸相结合, 其效果使这款果汁缓解疲劳的功效非常明显。

10

【食材】

· 苹果…½ 个 (约120克) · 洋梨…½ 个 (约80克)
· 柠檬汁…1小匙 · 蜂蜜 (根据个人喜好添加) …1小匙

Banana

Kiwi fruit

香蕉

[营养成分]
钾、镁、维生素B族、膳食纤维

[与之相搭配的食材]
草莓、木莓、柠檬、芒果

香蕉的碳水化合物含量非常丰富，可和薯类相媲美。食用香蕉后，机体能够马上从中获取能量，且其供能具有持续性，非常适合在忙碌的早晨或运动时对身体进行能量补给。香蕉中钾、镁等矿物质，以及维生素B族的丰富含量均在水果中非常突出，且香蕉还含有丰富的膳食纤维，因而具有调理肠胃的功效。

+ 豆浆
【大豆异黄酮】

抗衰老

可使人常保年轻的
美味饮品

11

这款饮料中富含与女性荷尔蒙构造相似的大豆异黄酮，以及在芝麻中含量丰富的维生素E，其抗衰老的功效大可期待。

[食材]
· 香蕉…½根 · 调理型豆浆…150毫升
· 磨碎的芝麻…1大匙 · 柠檬汁…1小匙
· 蜂蜜…1大匙

+ 草莓
【膳食纤维】

调理肠胃
（预防便秘）

是时候和胀鼓鼓的小肚子
说拜拜了。

12

在草莓中富含的膳食纤维的基础上，添加发酵类食品（酸奶）和香蕉中含有的低聚糖，是缓解便秘非常有效的一种组合。

[食材]
· 香蕉…1根 · 草莓…40克
· 酸奶（无糖）…2大匙 · 蜂蜜…1大匙
· 水…80毫升

猕猴桃

[营养成分]
维生素C、维生素E、膳食纤维、猕猴桃碱

[与之相搭配的食材]
苹果、葡萄、菠萝、桃子、木莓、蓝莓

猕猴桃虽然原产于中国，但在日本市售的主流品种主要产自新西兰。猕猴桃的维生素C含量非常丰富，1个猕猴桃就可提供人体1天所需维生素C的70%之多，加之富含具有抗氧化作用的维生素E，加成效果强化了抗衰老的功效，此外，猕猴桃还含有丰富的膳食纤维，因而也具有调理肠胃的作用。

+ 苹果
【苹果酸】

缓解疲劳

将疲倦
从身体中赶走

13

猕猴桃中含有的柠檬酸与苹果中的苹果酸相结合，强化了缓解疲劳的功效，苹果中富含的果糖和葡萄糖能够迅速产生能量，同样与其恢复体力的功效密不可分。

[食材]
· 猕猴桃…1个 · 苹果…¼个（约60克）
· 葡萄…30克 · 柠檬汁…1小匙

+ 菠萝
【菠萝蛋白酶、柠檬酸】

调理肠胃
（促进消化、预防胃下垂）

吃得过多过饱时
第二天来1杯恢复一下吧

14

猕猴桃中含有的柠檬酸与菠萝中的菠萝蛋白酶都是可以分解蛋白质的酵素，二者结合，强化了促进消化吸收的功效，此外也具有预防胃下垂的作用。

[食材]
· 猕猴桃…1个 · 菠萝…60克
· 水…50毫升 · 蜂蜜（根据个人喜好添加）…1小匙

利用榨出的果汁简单地制作出更多美食

利用 **08** 制作
果子露冰激凌

由于使用了100%的纯果汁，感觉就像吃到原本的水果般清爽。使用不锈钢勺，混合搅拌起来就会非常方便。

【步骤】

① 在碗中根据个人喜好加入果汁与奶油等食材，放入冰箱中冷冻至凝固。

② 其间，需每隔1小时取出，用勺子充分混合搅拌一下（总共需冷冻3—4小时）。如果忘记取出搅拌，做出的果子露冰激凌就会是硬邦邦的了，所以做时一定要留意。

果酱　利用 **10** 制作

只需将榨出的果汁炖煮至收汁，即可轻松地制成果酱。

【步骤】

① 在榨好的果汁中加入1大匙—2杯的白糖或蜂蜜等甜味食材，开火炖煮，以文火约煮10分钟左右。

② 为避免糊锅，需不时搅拌一下。煮至自己喜欢的黏稠度即可。

③ 做好的果酱可放入瓶子等容器中保存，但也需尽快食用。

利用 **13** 制作
果冻、寒天

果冻适合于希望摄取明胶、胶质成分的人，而寒天适合于希望摄取膳食纤维的人。

【制作果冻的步骤】

制作果冻时，每200毫升的果汁，需相应使用5克的明胶。

① 将明胶用水浸泡至完全膨胀。

② 在锅中加入100毫升的果汁，开火迅速加热一下，至果汁温热时加入步骤1中的成品使之溶解，并充分搅拌均匀。

③ 将 的成品倒入制作果冻的模具中，待余热完全散去后，放入冰箱内冷藏，使其自然凝固（需冷藏约3小时）。

【制作寒天的步骤】

制作寒天时，每200毫升寒天的果汁，需相应使用3克的"寒天粉"。

① 将寒天粉倒入果汁中，开火炖煮，使寒天粉完全溶解。

③ 将 的成品倒入喜欢的模具或容器中，待余热完全散去后，放入冰箱内冷藏，使其自然凝固（需冷藏约3小时）。

利用 **12** 制作
果味酱汁

一款可以在榨果汁之前制作的果味酱汁。可以淋在刚出炉的热蛋糕或冰淇淋上享用。

【步骤】

① 使用搅拌机，逐次放入食材，使榨出的汁越来越黏稠。水分越来越少即可。不过需注意，水分含量较多的食材并不适合制作成酱状或泥状的食物（例如"橙子＋柚子""猕猴桃＋橙子"等）。

健康又好做！
珍爱身体，拒绝添加剂、防腐剂

调料还是
自己做最好！

一听到"自己在家做调料"，大家或许会感到很麻烦、很费时间吧。其实，过程却惊人的简单。这里将介绍的调料大多仅需将食材混合或炖煮就能在短时间内做好。这就开始介绍一些便于操作的基本调料菜谱吧。

咕嘟咕嘟地炖煮调制出
自己喜欢的味道

【番茄沙司】

[食材]（做好的成品约为300毫升）
- 生番茄（水煮番茄罐头也可以）…400—500克
- 桂皮…1片 · 盐…1小匙 · 醋…2大匙
- 日式甜料酒…1大匙 · 酱油…1大匙
- 红辣椒粉及胡椒粉等自己喜欢的调味品…适量

要做番茄沙司，推荐在番茄最好吃的春季至夏季期间来做，这样做出的沙司会充满新鲜番茄特有的水灵灵的感觉。如果使用水煮番茄罐头，则不分季节随时可做，非常方便。

【memo】

[步骤]
❶ 文火慢煮
将番茄、桂皮、盐、日式甜料酒、酱油和醋放入锅中，以文火炖煮约15分钟，者至自己喜欢的黏稠度即可。
❷ 加入调味品
调味品要在关火后再加入，根据个人喜好添加，以调整味道。

[保存方法]
放入密闭容器内冷藏保存，可保存1个月。

乐享刚出锅的新鲜风味

【沙拉酱】

[食材]（做好的成品约为100毫升）
- 鸡蛋黄…1个
- 盐…1小匙
- 芥末粒酱…1小匙
- 橄榄油（或其他自己喜欢的植物油）…60—70毫升
- 醋…1小匙—1大匙（根据个人喜好添加）

[步骤]
❶ 搅拌食材
将鸡蛋黄、盐和芥末粒酱放入碗中，用手动搅拌机搅拌一下。
❷ 少量逐次加入橄榄油
边搅拌边一点点地加入橄榄油，一直搅拌至发白且呈黏稠状。如果一次加入太多的油，油就会和其他食材分离开了，所以一定要边搅拌边少量逐次地加入橄榄油。

[保存方法]
放入密闭容器内冷藏保存，约可保存3天。

如果油和其他食材分离开了，可以加入一点买来的沙拉酱，再搅拌搅拌就会复原了。另外，如果希望保存得更久一些，可以多放一些油和醋。如果放的时间有些长，担心沙拉酱不新鲜了，使用时可以将其加热来制作菜肴，例如做成微波炉烤肉或烤架烤肉等。

【memo】

经典酱料也可以自己动手做
【英国辣酱油】

[食 材] (做好的成品约为1升)

- 洋葱…250克 (1个) ・胡萝卜…250克 (1根)
- 番茄…250克 (1个) ・芹菜…1颗 ・苹果…1个
- 各类较为干燥的水果 (如大枣, 无花果, 加州梅等)…200克
- 橘子 (或柑橘类水果)…200克 ・喜欢的调味品…适量
- 水 (或蔬菜白汤)…1升 ・醋…250毫升
- 红葡萄酒…200毫升 ・盐…2大匙 ・酱油…1大匙
- 日式甜料酒…50毫升 ・鱼露…1大匙

[步 骤]

❶ 文火慢煮
将蔬菜及水果切成滚刀块, 将喜欢的调味品放入带孔的调料盒中, 密封好, 向锅中倒入水, 醋和红葡萄酒, 加入蔬菜和调料盒, 以文火炖煮2—3小时。

❷ 取出调料盒
待蔬菜和水果变软后, 将锅中的调料盒取出。

❸ 过滤
将成品缓缓倒入过滤器中, 经过滤网过滤一下, 使之呈细腻顺滑状。将过滤好的成品再次倒回到锅中, 边用木勺等工具搅动, 边以文火炖煮, 炖煮1—2小时后, 加入盐, 酱油, 日式甜料酒和鱼露, 再继续炖煮至自己喜欢的黏稠度即可。

[保存方法]

如果经过了较充分的炖煮, 在常温下约可保存半年; 如果炖煮并不充分, 则可冷藏保存半年左右。

虽说这款调料的保存期较长, 但如果炖煮并不充分, 还是置于常温下保存的话, 还是可能会发酵, 变稀, 所以还需格外留意。如果觉得不放心, 建议还是放入冰箱内冷藏保存。

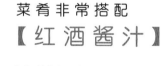

【memo】

橄榄的风味彰显成熟的味道
【橄榄酱】

[食 材] (做好的成品约为250毫升)

- 黑橄榄 (去核)…100克 ・凤尾鱼…10条
- 驴蹄草…50克 ・大蒜…1瓣
- 橄榄油…100毫升 ・芥末粒酱…1大匙

[步 骤]

❶ 将食材放入
将所有食材全部放入食物料理机中。

❷ 粉碎食材
将食材粉碎, 直至呈细腻顺滑的泥状。

[保存方法]

冷藏可保存2周。

【memo】

如果加入一些金枪鱼罐头, 还能得到更加柔和的味道, 既可直接作为红酒酱菜或意大利面的酱, 和鱼或肉类等也非常搭配。

与炖煮类
菜肴非常搭配
【红酒酱汁】

[食 材] (做好的成品约为300毫升)

- 红葡萄酒…100毫升
- 水煮番茄…100克
- 英国辣酱油…100毫升
- 面粉揉奶油…10克
- 炸洋葱丝…10—15克
- 桂皮…1片
- 普罗旺斯香草…少许
- 胡椒粉…少许
- 擦碎的大蒜末…1小匙

【memo】

由于制作起来非常方便, 不必一次做很多, 每次用多少做多少就可以了。非常适合在做汉堡肉饼或嫩鸡肉等肉类菜肴时使用。在刚刚烤好或炒好时添加在肉菜中即可。

[步 骤]

❶ 将食材煮开
将所有食材全部放入锅中, 边搅拌边迅速煮开一下即可。

[保存方法]

放入密闭容器中冷藏, 可保存1个月。

做意大利面及面包都可使用
【罗勒酱汁】

[食 材] (做好的成品约为60毫升)
- 罗勒叶…3大匙　• 橄榄油…3大匙
- 大蒜…1瓣　• 盐、酱油…适量

[步 骤]
❶ 粉碎
　将所有食材全部放入食物料理机中，进行粉碎。
❷ 倒入橄榄油
　取1只空果酱瓶，将打好的罗勒酱装入，向容器中倒入橄榄油，直至装满容器，要使液面刚好处于瓶口处，然后盖紧盖子，密封保存。由于料汁的表面包裹着一层橄榄油膜，不会与空气接触，能够较长久地保存。

[保存方法]
冷藏约可保存1周，冷冻则可保存1个月左右。

多倒入些橄榄油，可以使这道料汁保存得更为持久，此外，如果再加入一些意大利的帕玛森雷加诺奶酪及松子仁，还可以做成一款意面酱料。　【memo】

大众普遍能够接受的清爽味道
【水果酱汁】

[食 材] (做好的成品约为200毫升)
- 将苹果擦碎捣出的汁…50毫升
- 柑橘（橙子也可）榨出的汁…50毫升　• 酱油…50毫升
- 酒…50毫升　• 日式甜料酒…1大匙　• 醋…1大匙
- 擦碎的大蒜末…1大匙　• 擦碎的生姜末…1大匙
- 磨碎的芝麻…1大匙　• 红辣椒粉…少许

[步 骤]
❶ 将食材煮开
　将所有食材全部放入锅中，迅速煮开一下即可。

[保存方法]
放入密闭容器内冷藏保存，约可保存1个月。

放到冰箱内冷藏，约可保存1个月，所以每次可以多做一些备用，这里用到的直接榨出的汁，也可以用质量较好的100%纯果汁代替。　【memo】

做菜时不可或缺的基本调料之一
【高汤】

[食 材] (做好的成品约为750毫升)
- 水…750毫升　• 海带…约10厘米（约20克）
- 干香菇…1个　• 鲣鱼干…20克

[步 骤]
❶ 加热，撇去浮沫
　在容器中放入较多的水，将海带和干香菇浸泡在里面，浸泡1晚至1整天后，移至冰箱内冷藏，做成"海带水"。冷藏后的第2天，将容器取出，取出里面的海带和香菇，将浸泡的水倒入锅中，开火炖煮，将锅内液体加热至70℃左右，撇去产生的浮沫。
❷ 放入鲣鱼干
　在步骤1的成品中加入一小撮鲣鱼干，稍等片刻即关火，再静置5~6分钟。
❸ 过滤
　取1只笊篱，在上面蒙上1层毛巾，当做滤筛，将步骤2中的成品过滤一下即可。

[保存方法]
放入密闭容器内冷藏保存，约可保存1天。

再次使用时，可在之前做好的高汤中加入约300毫升的水，以大火煮开后即关火。　【memo】

调料还是自己做最好！

甜味噌是能够长期保存的调料，所以每次可以多做一些，是能够广泛利用的一件"神器"。使用米味噌或豆味噌等不同的原料来做，品味其中不同的味道，也是一大乐趣之所在。

【memo】

推荐在家中常备的保存食品
【甜味噌】

【食材】（做好的成品约为300毫升）
- 喜欢的味噌（可选用米味噌或豆味噌等）…200克
- 白糖…60—100克（用量可根据个人喜好增减）
- 酒…2大匙
- 日式甜料酒…2大匙

【步骤】
❶ 将食材煮开
　将所有食材全部放入锅中，迅速煮开一下即可。煮时需进行搅拌，以使各种味道充分融合在一起。

【保存方法】
放入密闭容器内冷藏保存，可保存半年左右。

一味调料就可调配出多种丰富菜肴
【醋酱油】

【食材】（做好的成品约为300毫升）
- 日式冷面料汁…200毫升
- 米醋…100毫升

【步骤】
❶ 混合
　在碗中倒入日式冷面料汁，加入米醋，充分混合搅拌。

【保存方法】
放入耐酸性强的密闭容器内冷藏保存，约可保存1个月。

【memo】

醋酱油这道调料，或可称之为"料汁"，用途非常广泛，在里面加入柑橘类水果，能够做成"可以吃的"橙醋，加入磨碎的芝麻，还可以当做火锅蘸料。

调制出异域情调浓郁的风味
【蒙古式酱汁】

【食材】（做好的成品约为200毫升）

A
- 酱油…50毫升
- 料酒…50毫升
- 醋…50毫升

B
- 鱼露…1大匙
- 芝麻油…1大匙
- 大蒜末…1小匙
- 生姜末…1小匙

- 红辣椒粉…适量
- 香菜…适量

【步骤】
❶ 将食材煮开
　将A中所述食材全部倒入锅中，迅速煮开一下。
❷ 混合
　待步骤1中的成品冷却后，倒入碗中，再加入B中所述食材，充分混合搅拌，最后再加入红辣椒粉和香菜，搅拌一下。

【保存方法】
放入密闭容器内冷藏，可保存2周。

【memo】

与猪肉、羊肉等制成的火锅，以及炖煮的肉类菜肴非常搭配，由于是一道风味极具个性的调料，也很适合搭配带有腥膻等异味的肉类。

香醇的风味在口中弥散开来
【芝麻凉拌酱】

【食材】（做好的成品约为30毫升）
- 日式冷面料汁…1大匙
- 白芝麻酱…1大匙
- 白糖…1小匙

【步骤】
❶ 混合
　将所有食材全部倒入碗中，充分搅拌一下，使白芝麻酱与其他食材充分融合在一起。

【保存方法】
放入密闭容器内冷藏，可保存1天。

根据个人喜好在芝麻凉拌酱中加入一些醋，还可以做成白芝麻料汁。这样的白芝麻料汁可以搭配黄瓜或清蒸鸡肉沙拉来吃，也可在做中式凉拌菜时使用。

【memo】

让普通的沙拉大变身
制作适合搭配沙拉的料汁

即使是经典的沙拉搭配，只要改变沙拉酱，也能做出不一样的美味。
自己动手制作沙拉酱的话，甜、咸等味道也可以根据个人喜好来调制了。

调料还是自己做最好！

① 沙拉酱中的基本款，一定要掌握并牢记
【法式沙拉料汁】

【 食 材 】
· 洋葱…⅓个
· 醋…2大匙
· 白糖…少许
· 特级初榨橄榄油…3大匙
· 盐、胡椒粉…少许

【 步 骤 】
❶ 将洋葱、醋和白糖放入搅拌机中，打成膏状。
❷ 向搅拌机中加入橄榄油，再打一下，使全部食材乳化。
❸ 加入盐和胡椒粉调味，即成。

② 香味醇厚的奶油沙拉酱
【欧若拉奶油沙拉酱】

【 食 材 】
· 生奶油…1大匙
· 沙拉酱…1大匙
· 番茄沙司…1大匙

【 步 骤 】
❶ 将生奶油搅拌约5分钟，使其黏稠，起劲儿。
❷ 将番茄沙司和沙拉酱混合起来，搅拌均匀。
❸ 在步骤2的成品中加入步骤1的成品，迅速地搅拌一下，
  即成。

③ 冰箱内存放的食材也可充分加以利用
【日式传统酱菜鞑靼酱】

【 食 材 】
· 洋葱（个头较小的）…⅒个
· 黄瓜…⅓根
· 日式传统酱菜…15克
· 沙拉酱…2大匙
· 大蒜（擦成末）…½小匙
· 盐、胡椒粉…少许

【 步 骤 】
❶ 将洋葱切成细末，浸泡在水中。将黄瓜和日式传统酱菜也
  切成细末。
❷ 将步骤1中的成品攥一下，去除多余的水分，再与沙拉酱
  和大蒜末混合起来，搅拌均匀，最后加入盐和胡椒粉调味，
  即成。

④

④ 一款加入了大量丰富蔬菜的沙拉料汁

【法式酸辣调味沙拉酱】

【食材】

- 番茄…¼个
- 洋葱…⅛个
- 黄瓜…¼根
- 黄色彩椒…¼个

A

- 葡萄酒醋…2大匙
- 醋…1½大匙
- 白糖…1½大匙
- 特级初榨橄榄油…2½大匙
- 盐、胡椒粉…少许

【步骤】

❶ 将各种蔬菜切成较小的丁，将黄色彩椒用沸水迅速地焯一下，将洋葱浸泡在水中。

❷ 将步骤1中的成品攥一下，去除多余的水分，将A中所述食材全部混合起来，加入处理好的蔬菜末，搅拌均匀即可。

⑤ 浓浓的香气很能引起食欲

【中式沙拉酱】

【食材】

- 葱…⅛颗
- 大蒜…½瓣
- 生姜…⅓块

A

- 醋…2大匙
- 酱油…1½大匙
- 白糖…⅔小匙

B

- 芝麻油…1大匙
- 辣油…少许

【步骤】

❶ 将葱、生姜和大蒜切成细末。

❷ 将步骤1中的成品与A中所述食材混合起来，搅拌一下，再加入B中所述食材，搅拌均匀即可。

⑦

⑧

⑦ 激发食材的甘甜味，调制出柔和的味道

【苹果胡萝卜沙拉料汁】

【食材】

- 苹果…40克（指去皮、去核后的净重）
- 胡萝卜…30克（指去皮后的净重）
- 切成细丝的欧芹（或干燥的欧芹）…适量

A

- 苹果醋…2小匙
- 特级初榨橄榄油…2½大匙
- 盐、胡椒粉…少许

【步骤】

❶ 将处理好的苹果和胡萝卜擦成细末。

❷ 在步骤1的成品中加入A中所述全部食材，再加入欧芹细丝即可。

⑥ 想吃泰式风味的菜肴时……

【泰式特色沙拉酱】

【食材】

- 大蒜（切成细末）…少许
- 鱼露…1大匙
- 水…2大匙
- 芝麻油…½小匙
- 白糖…½大匙
- 酸橘汁（或柠檬汁）…少许
- 红辣椒（去籽，切成较窄的圈状）…2—3个

【步骤】

❶ 将所有食材混合起来，充分搅拌均匀即可。

⑧ 一道能够"吃出健康"的沙拉酱

【无油版酱油沙拉酱】

【食材】

- 白萝卜…5厘米

A

- 酱油…2大匙
- 醋…2大匙
- 白糖…½小匙

【步骤】

❶ 将白萝卜擦成细末，攥一下，去除多余的水分，再与A中所述全部食材混合起来，根据白萝卜内含水量多少的不同，做出的沙拉酱状态也会有所差异，如果觉得味道比较淡，可以加入酱油进行调味。

⑤

⑥

让自家餐桌更加丰富多彩

自制美食
菜单名录

在这一部分，我们集中汇总了一些受欢迎的自制美食菜谱，
推荐大家尝试着做一做。
那些平时买回家吃的现成食物，
自己动手做的话，也会觉得格外美味。
试着为你家的餐桌上也添一道拿得出手的好菜吧！

用水产来做

with Seafood ▶ p.172

鱼糕／鱼肉山芋饼／鱼竹轮／炸鱼肉饼／
糟腌鱼肉

用豆类来做

with Beans ▶ p.178

酱豆腐／味噌腌豆腐／
油炸豆腐丸子／简易高野豆腐／
豆馅（细沙馅、红豆粒馅、白豆馅）

用牛奶来做

with Milk ▶ p.192

黄油／茅屋芝士

用蔬菜来做

with Vegetable ▶ p.175

腌芥菜／糖醋腌生姜／腌白菜／香煮蜂斗叶／
山椒小银鱼

用谷物来做

with Grain ▶ p.181

大福／手擀荞麦面／手擀乌冬面／手擀意大
利面／三文鱼奶油蝴蝶意面／蘑菇风味意面／
比萨／简易比萨／炸酥角／热狗面包／法式牛
角面包

用水果来做

with Fruit ▶ p.193

草莓酱／香橙酱／甘露煮金桔／涩皮煮板栗／
糖浆苹果蜜饯／西式水果醋

酿酒

Liquor ▶ p.196

甜米酒／鸡蛋酒／橙酒／石榴酒／柠檬爽口酒

○1

体验丰富多彩的鱼肉风味

鱼 糕

使用自己喜欢的白肉鱼
再根据喜好加入混合的调料
做成一款属于自己的鱼糕吧!

【 保 存 】

冷藏可保存1周。

【 食 材 】

- 生鳕鱼（需做成鱼肉泥）…300克
- 鲷鱼（需做成鱼肉泥）…300克
※处理出来的鱼肉净重540克
- 盐…⅓小匙
- 酒…2大匙
- 日式甜料酒…2大匙
- Ⓐ ┌ 马铃薯淀粉…2大匙
　　└ 鸡蛋清…⅓—1个

【 步 骤 】

❶ 将鱼肉带皮的一面朝下放在案板上，从鱼肉与
鱼皮之间入刀。将菜刀按住不动，另一手拽住
鱼皮，边左右移动边把鱼皮慢慢地拽下来。这
样就可以清爽利落地去除鱼皮了，如果还残留
有血污及血合肉，也要彻底去除干净。

❷ 将步骤❶中处理好的鱼肉切成约2厘米宽的段，
撒上一些盐，静置腌渍约20分钟。

❸ 利用食物料理机处理鱼段，处理时不要一次
性放入，而要分次少量放入，当起初还难以运
转起来的刀片已经能够平滑顺利地转动，就说
明鱼肉泥已经打好了。要边做确认鱼肉泥的黏稠
度边打，如果过于黏稠，可以适当添加些酒或
水来稀释。【图❶】

❹ 将打好的鱼肉泥倒入碗中，这样直接调味就上
锅蒸也是可以的，但再过滤一下的话可以使鱼
肉泥质地更细，从而使做出的鱼糕口感更佳细
腻顺滑。

❺ 为了最终获得更加细腻顺滑的口感，再将步骤❹
中处理好的鱼肉泥用过滤器具过滤一下。没有
过滤器具的话，也可以省略掉此步骤。

❻ 在过滤好的鱼肉泥中少量逐次地加入Ⓐ中所述
食材，并不断搅拌，直至鱼肉泥均匀细滑。

❼ 将处理好的鱼肉泥放在案板上，用做点心时用
的铲板或竹勺等工具将其外形整理一下。再将
鱼肉泥放入形状漂亮的铁器中，鱼糕的形状就
整理好了。

❽ 在蒸锅中倒入一些水，开大火蒸煮，上汽后，
在锅屉中垫上1层纱布，再放入步骤❼中处理好
的鱼糕，盖上锅盖，以中火蒸制约40分钟，根
据盛放鱼糕的容器及锅屉等材质的不同，蒸制
时间也会有所差异。所以，应不时掀锅查看情
况，据此调整蒸制的时间。【图❷】

❾ 将从蒸锅中取出，自然冷取出。

将鱼肉段分次少量放入，边确认
的黏稠度边打，制作出鱼肉泥。

根据鱼糕大小的不同，蒸制时间
也会有所差异，所以，应不时掀
锅查看情况，以调整蒸制时间。

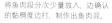

point

- 将做好的鱼肉泥用过滤器具过滤一下，可以使其质地更加
细腻，从而获得更佳的口感。
- 虽然做好后直接食用是最好的，但在烤架上迅速地烤一下，
添加酱油和白糖做出焦糖般的感觉，也会变得非常有趣，
把鱼糕吃出完全不同于原味的美味。

02

暄腾松软的口感非常突出

鱼肉山芋饼

【保 存】

冷藏可保存3—4天。

【食 材】(4人份)

- 打好的鱼肉泥（白肉）…200克 • 鸡蛋清…3个鸡蛋
- 日本大和长芋山药…35克 • 马铃薯淀粉…3大匙
- 煮制海带提取出的汤汁…½杯 • 白糖…1小匙 • 盐…⅓小匙

【步 骤】

① 将鱼肉泥放入碗中备用，将山药擦成细末，与一个鸡蛋中取出的蛋清混合起来，加入马铃薯淀粉，再将煮制海带提取出的汤汁分3—4次加入碗中，边混合搅拌边将食材摊开。另取1只碗，放入其余2个鸡蛋中取出的蛋清，加入盐和白糖，打制约8—9分钟，直至蛋清打发成白色的泡沫状，将两个碗中的食材全部倒进食物料理机中，打一下。【图1】

② 将厨用垫纸裁切成约8厘米见方的小块，在每一块垫纸的中央放上一些□□中处理好的鱼肉泥，用勺子摊开，整理成圆饼状，坐蒸锅，上汽后将处理好的鱼肉泥饼连同垫纸放到锅屉上，蒸制约15—20分钟，

point

① 可以将鱼肉搅拌松散一些，与做好的鱼肉泥……也可以用泡沫卷起来取出，然后用……这样做……就会□发软会烤焦或□□……一起烤制

03

烤制出恰到好处的焦黄色

鱼竹轮

【保 存】

冷藏可保存4—5天。

【食 材】(4人份)

- 打好的鳕鱼肉泥…200克 • 打好的鲷鱼肉泥…200克
- 盐…⅓小匙 • 鸡蛋清…1个鸡蛋 • 日式甜料酒…1—2大匙
- 马铃薯淀粉…1—2大匙

【步 骤】

① 将鲷鱼肉泥和鳕鱼肉泥放入碗中，充分混合搅拌，然后用过滤工具过滤一下，再按照盐、料酒、鸡蛋清、马铃薯淀粉的顺序依次加入碗中，每次加入后都需充分混合搅拌。

② 用橡胶质的勺子充分搅拌，直至鱼肉泥的硬度呈比我们的耳垂稍硬的状态，试着用手攥一攥，如能轻松地团成一团，就说明已经搅拌好了。取木棒等工具，将鱼肉泥裹在上面，并用手攥紧，再将形状整理好。

③ 将做好的鱼竹轮露出木棒的一端朝向同一侧，有间隔地码放在方平底盘中，坐蒸锅，上汽后将方平底盘放到锅屉上，蒸制10分钟左右。

④ 蒸好后，再将鱼竹轮取出进行烤制一下，以大火在距离较远处烤制，至表面焦黄即可，为了使各个面烤制均匀，最好边烤边不时转动木棒，进行这一步骤时，可以在炉灶上放上砖块等物，以搭起一个"烧烤台"。这样就可以使鱼竹轮与火保持较远的距离，开大火烤制也能烤出漂亮的焦黄色。【图2】

point

① 鱼肉泥一定要充分搅拌，直至其硬度呈……呈垂直之……以免烤制时鱼肉泥会被软化……这样做也能使做出的鱼竹轮中间的……孔洞清晰分明，形状美观

做出惊艳的炸制菜肴

04 **炸鱼肉饼**

【保存】

冷藏可保存3—4天。

【食材】(4人份)

• 打好的鲹鱼肉泥…240克　• 打好的其他鱼肉泥（白肉）…240克
• 牛蒡…50克　• 胡萝卜…30克　• 用于炸制的油…适量

Ⓐ ┌ • 面粉…2大匙
　　├ • 料酒…2大匙
　　├ • 淡口酱油…少许
　　└ • 鸡蛋…1个

【步骤】

❶ 将鲹鱼肉泥和其他鱼肉泥放入碗中，用橡胶质的勺子搅拌一下。然后
分次少量加入A中所述食材，充分混合搅拌至上劲儿。将胡萝卜切成细
丝，将牛蒡切成薄片，在水中稍加浸泡后捞出去除表面多余的水分。将
胡萝卜丝和牛蒡薄片放入碗中，稍加搅拌，鱼肉泥就处理好了。【　】

❷ 坐锅将用于炸制的油烧热，至温度提升到160—170℃。用木制的勺
子舀出适量的　　中处理好的鱼肉泥，整理成直径约为6厘米，较
为规整的圆饼状，慢慢下入油锅中，待鱼肉饼炸至整体变色，呈漂亮
的金黄色时捞出，再控干多余的油即可。

point

也可在鱼肉泥中加入其他食材，能起
低于提升风味的效果，还能给鱼肉饼
增加口感和层次。加了　　　，摆盘时
就与众不同。

芳醇的风味令人垂涎不已

05 **糟腌鱼肉**

【保存】

冷藏可保存1个月。

【食材】(4人份)

• 切好的鱼肉（可选用蓝色马鲛等鱼）…4片
• 盐…1—2小匙　• 酒糟…200克　• 开水…¼杯

Ⓐ ┌ • 淡口酱油…1小匙　• 日式甜料酒…1—2大匙
　　└ • 白味噌…2大匙　• 白糖…1大匙

【步骤】

❶ 在鱼肉上撒上盐，静置腌渍约20—30分钟，除蓝色马鲛之外，鲑鱼，
银鳕鱼、鳕鱼及金目鲷等鱼类也比较适合腌渍。

❷ 在碗中加入酒糟和开水，用橡胶质的勺子搅动，直至二者充分融合，
形成顺滑的液体。也可放入酒糟和开水后，置于微波炉中加热约2—
3分钟，即可使二者混合均匀。

❸ 待混合物的余热散去后，顺次加入A中所述调料，边加边用橡胶质的
勺子进行搅拌，直至所有食材完全混合均匀，"糟床"就处理好了。

❹ 取1只可密封的容器，放入　　　中处理好的糟床，使其布满容器底
部，厚度约为2—3厘米。

❺ 取1块较大的纱布，用水浸湿后再用力拧干，将其铺在　　　的成品
上方并平展开，将　　　中处理好的鱼肉去除表面多余的水分，放到
纱布上，再拉起四周的纱布，将鱼肉包裹起来，然后倒入剩余的糟
床，使其覆盖在纱布上面，最后用橡胶质的勺子把糟床表面仔细弄平
整。【　】

❻ 静置腌渍1—1.5天，鱼肉就会入味了，即可享用。

point

吃的时候也可以烤制一下，先
将鱼肉表面残留的酒糟用手去
除干净，再放到烤架上以文火
慢慢烤制。在鱼肉上涂抹上一
层醋，可以保持其鲜艳色泽。如
以中火或急火烤制，则需保持
较远的距离，并密切观察烤制
的情况，以免烤糊。

以刺激的辛辣味道为亮点

06

腌芥菜

【 保存 】

冷藏可保存2个月。

【 食 材 】 (做好的成品约为1.8千克)

- 芥菜…600克 (约2颗)
- 盐…25—30克

【 步 骤 】

❶ 将芥菜用水清洗一下，再去除多余的水分。由于靠近根部菜叶之间的地方会积存较多的泥垢等污物，洗的时候一定要把菜根处用手捻开，仔细清洗。

❷ 在容器的底部稍稍撒上一点盐。以芥菜的根部为中心，用盐将每颗菜揉搓一下，再排列紧密地码放到容器中，每码放好一层，都要利用自身的体重从上面用力按压几次，将芥菜充分压实。【图1】

❸ 将芥菜全部码放好并压实后，在上面压上陶瓷、木质或玻璃质地的板子作为盖子，再在盖子上压上大石头等重物，置于低温避光处保存。如果保存的环境比较温暖，则需增加用盐的量，到吃的时候事先处理一下拔出其中的盐分即可。

point

味道清爽，非常适合作为小吃

07

糖 醋 腌 生 姜

【 保存 】

冷藏可保存2—3年。

【 食 材 】 (做好的成品约为250克，净重约140克)

- 生姜…280克 ・ 酒…200毫升 ・ 醋…200毫升
- 蜂蜜…80毫升 ・ 盐…1大匙

【 步 骤 】

❶ 将生姜用水洗净后去皮，切成较薄的片。

❷ 将生姜片放入笊篱中，用开水焯一下后捞出，将锅中的水倒掉，然后再如此反复操作两次，即使使用新姜来做，也同样需要焯水，以去除涩味。【图1】

❸ 将酒、醋、蜂蜜和盐放入锅中，煮开，使食材充分混合，蜂蜜溶解于其中，关火后将锅静置一旁，待余热散去。

❹ 取1只用于保存的容器，用纱布蘸取适量的烧酒 (单备烧酒，不占食材中酒的用量) 擦拭一遍，以为其消毒，用厨房纸巾等将生姜片表面多余的水分擦拭干净，放入保存容器中，最后倒入步骤3中的成品。

point

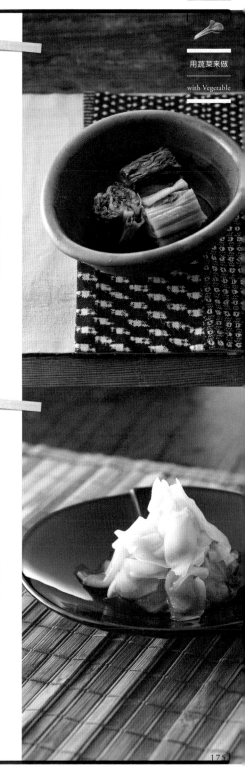

08

建议家中常备的经典腌渍类菜肴

腌白菜

腌白菜是一道经典的腌渍类菜肴。
在白菜时令的冬季，
不妨整颗整颗地买来腌渍。
从短期浅腌到长期久腌，
品尝其中丰富的变化。

[保 存]
置于阴暗低温处可保存1个月。

[食 材] (做好的成品约为1千克)
· 白菜…1颗
【预腌用料汁所需食材】
· 盐…白菜初始重量的4%
· "启动水"…200毫升
【正式腌渍用料汁所需食材】
· 盐…白菜初始重量的1%
· 辣椒…4个 (可根据个人喜好增减)
· 用于煮制汤汁的海带…1片

[步 骤]

❶ 将白菜按4等分纵向切开。从白菜根部入刀，稍切开后再用手掰开，细小的菜叶就不易掉落了。

❷ 取1只较大的容器，在里面撒入一些盐，在白菜根部的菜叶之间撒入较多的盐，码放进容器中。【图1】
最后再在白菜上面撒1层盐。

❸ 为充分析出白菜中的水分，将"启动水"转着圈地洒入容器中。

❹ 在容器中的成品上面压上陶质、木质或玻璃质地的板子作为盖子，再包裹上1层塑料袋，最后在上面压上重量约为白菜2.5倍的大石头等重物，静置腌渍。

❺ 经过2天左右，水就被杀出来了。【图2】

❻ 水分析出后，就可以开始进行正式的腌渍了。将白菜从容器中取出，彻底清洗一下，再在其底部撒上一些盐，稍稍去除白菜表面多余的水分，以根部为中心再次撒上盐，码放回容器中。

❼ 将辣椒分别纵剖成两半，将海带切成段，在白菜的上方放上辣椒及海带段，辣椒的量也可根据个人喜好增减。

❽ 在容器中的成品上面压上陶质、木质或玻璃质地的板子作为盖子，再包裹上一层塑料袋，最后在上面压上重量约为白菜一半的大石头等重物，静置腌渍约1周后，放入冰箱内冷藏保存。

进行预腌及正式腌渍时，都要在白菜根部的菜叶之间撒入较多的盐。

由于白菜中的水分较多，处理时的诀窍在于压上大石头等重物，以更快地杀出其中的水分而保留精华。

point

· 用于腌渍的容器需具备较强的耐腐蚀及耐盐性，推荐使用搪瓷质地的容器。

· 在正式腌渍进行约10天后，如果水分开始减少，则可多压上满的重物以减半。

· 使用切大葱段剩的表皮一起腌渍，用来增添其间的风味。

当做喝茶时的点心也很适合

09

香煮蜂斗叶

【保 存】

冷藏可保存3周。

【食 材】

• 蜂斗叶（较细的）…8—10根（约250克）• 淘米水…1.5升
• 白糖…1大匙 • 酒…5大匙 • 酱油…3大匙 • 日式甜料酒…4大匙

【步 骤】

① 将蜂斗叶的叶子及根部切去，不去皮，切成长度方便放入锅中的段。
② 坐锅将淘米水煮开，将蜂斗叶放入，迅速地煮一下，关火将锅端至一旁，使其自然冷却。【图1】冷却好后，将蜂斗叶在流水下冲洗约1分钟。用水充分漂洗后，捞出擦干表面多余的水分，较细的部分不用处理，较粗的根部需纵剖一下，再统一切成长约5厘米的段。
③ 另起锅，放入【图】中处理好的蜂斗叶，以及白糖、日式甜料酒和一半的酱油，上面盖上锅盖，开火炖煮，煮开后转为小火，持续炖煮直至蜂斗叶变得塌软，关火将锅端至一旁，使其自然冷却。
④ 将【图】中晾凉的锅再次放到火上炖煮，煮开后倒入日式甜料酒和剩下的一半酱油，继续炖煮，煮至收汁后转为大火，此时需晃动锅以免煮糊，直至汤汁黏稠即可。

point

刺激的辛辣味，非常下饭

10

山椒小银鱼

【保 存】

冷藏可保存两周。

【食 材】（做好的成品约为180克）

• 山椒的果实（用盐腌渍好的）…2大匙（约20克） • 小银鱼…100克
• 酒…200毫升 • 酱油…80毫升 • 日式甜料酒…3大匙

【步 骤】

① 在碗中加入水，将山椒的果实放入，浸泡3小时以上，以拔出盐分。
② 坐锅煮水，煮开后放入小银鱼，迅速地焯煮一下，以去除其上的污物，而后即用笊篱捞出。这一步也有去除小银鱼腥味及咸辣味道的作用。
③ 另起锅，放入【图】中处理好的小银鱼，稍稍编炒一下。然后倒入日式甜料酒，以中火煮开，这一过程中要边煮边将小银鱼整体慢慢搅动，以使水分更充分地进入到小银鱼里，转至小火，加入50毫升酱油，继续炖煮。
④ 加入酱油后再小火炖煮上较长的时间，然后将料酒、2大匙酱油，以及【图】中处理好的山椒的果实入锅中，【图】继续炖煮，这时为避免煮糊，要持续整体搅动，一直煮到锅中不再有残留的水分，注意不要将小银鱼煮得太过干燥硬脆，趁着还残留有一些湿润感时即关火。

point

如果使用生的山椒果实来做此道菜，则需先进行一些处理，将山椒的果实放入沸水中焯煮一下，而后捞出，马上放入凉水中冲泡。将上述过程反复做几次，再将山椒的果实放到水中浸泡半天以上，即可以使用了。

只有手工制作才能得到的美味

11 舀豆腐

【 保 存 】

可保存至第2天。

【 食 材 】（4人份）

- 大豆…500克
- 水…（为浸泡大豆而准备，约为大豆体积的3倍）
- 水…9杯（与浸泡好后的大豆体积相同）
- 盐卤…（用量请参考产品包装上记载的用法）

【 步 骤 】

① 在制作豆腐的前一天，将大豆清洗一下，浸泡1晚，浸泡时需选用较大的碗，以让大豆充分吸收水分。

② 将大豆和水倒入搅拌机中打一下，直至打成顺滑的豆泥，打时需以大豆：水=2：1的比例配比，少量逐次打碎，再将剩下的水（约9杯）一并加入打好的豆泥中。

③ 移到锅壁较厚的锅中进行加热，由于加热时会冒起许多泡泡，建议选择大而深的锅，煮开后转至小火，边用木质的勺子充分搅拌，边炖煮10分钟左右，锅的侧壁及底部都非常容易糊，一定要格外留意。

④ 将步骤③中的成品加水润湿，用白色棉布将固态的部分过滤出来。滤出的汁液便是豆浆了，最后再用木质的勺子将滤出的固态物按压一遍，以充分挤出水分。这时残留在白色棉布上面的部分便是豆腐渣了。

⑤ 取5杯步骤④中滤出的豆浆，倒入锅中加热至约70℃后关火取下，这时，边缘缓缓搅动豆浆，边转着圈地倒入盐卤，静置10—15分钟。

⑥ 当锅中析出较多固体后，就可以用大勺子舀出来了，舀出后要去除多余水分。可根据个人喜好控制静置的时间，以得到想要的硬度。

要做下酒菜的话，一定要试试！

12 味噌腌豆腐

【 保 存 】

冷藏可保存5天。

【 食 材 】（1块豆腐需用的量）

- 木绵豆腐…1块
- Ⓐ
  - 信州白味噌…200克
  - 酒…1大匙
  - 日式甜料酒…3大匙
  - 白糖…1—2大匙

【 步 骤 】

① 取1只碗，将A中所述调料全部倒入，充分混合搅拌，做成"味噌床"。根据味噌种类的不同，盐分及味道也有所差异，所以也要调节酒和日式甜料酒的量，以调整味道。

② 用厨房纸巾将豆腐表面多余的水分擦拭干净，切成易于腌渍的大小（可按8等分切成厚片）。取1只方平底盘，将一半的味噌床平铺在底部，然后将纱布铺在上面并充分展开，并码放上豆腐，再拉起四周的纱布，将豆腐包裹好。最后将剩余的味噌床铺上并抹平。【图①】

可随意加入丰富的应季食材

(13)
油炸豆腐丸子

【保存】

冷藏可保存2周。

【食材】(10个需用的量)

• 木绵豆腐…300克 • 胡萝卜…¼根 • 干香菇…2个 • 牛蒡…¼个
• 毛豆（剥出的豆粒）…¼杯 • 盐…½小匙 • 马铃薯淀粉…2大匙
• 用于炸制的油…适量

【步骤】

① 将豆腐放入可微波加热的器皿中，口部封好1层保鲜膜，放入微波炉中加热约6分钟后取出，再用厨房纸巾将豆腐包裹起来，擦除表面多余的水分。[图1]

② 将①中的成品放入研钵中捣碎、碾压，直至其质地细腻顺滑。

③ 加入盐，进行调味。

④ 将干香菇用水泡发，再去除其中多余的水分，将处理好的香菇和胡萝卜切成细丝，将牛蒡切成薄片后焯水去除涩味，这里也可选用银杏或切成小段的芦笋等颜色漂亮的食材，以使菜肴的视觉效果更为美观。

⑤ 在③的成品中加入④的成品，再加入毛豆和马铃薯淀粉，用橡胶质的勺子搅拌一下，混合均匀。

⑥ 将⑤中的成品等分成10份，把每一份都用木质的勺子舀起来，将形状整理成较为规整的球形。坐锅将油烧热至约170℃，轻轻地下入豆腐丸子，炸至色泽金黄即可。

point

如在豆油中加入一些芝麻油，不饮能增加香味，豆腐丸子也会更加香气扑鼻。此外，炸可丢丸子易至比1.5厘米的热油，放到厨房纸巾中炸制，更有利于健康。

利用冰箱就能轻松做出的美味

(14)
简易高野豆腐

【保存】

冷藏可保存3天。

【食材】(1块豆腐需用的量)

• 木绵豆腐…1块（约重300克）• 胡萝卜…½根
• 干香菇…4个 • 荷兰豆…6个
Ⓐ • 高汤（加入泡发干香菇的水）…2杯 • 酒…2大匙
• 日式甜料酒…1½大匙 • 白糖…1大匙 • 淡口酱油…1½大匙

【步骤】

① 将豆腐充分控去水分，再将表面多余的水分仔细擦拭干净。将干香菇用水泡发，并保留泡发的水待用。

② 将豆腐用保鲜膜包起来，放到冰箱里进行冷冻、冻结后，豆腐中的水分会膨胀成冰晶，在豆腐的组织中撑起很多小的空间，使其变为海绵状。

③ ②完成后，冻豆腐就做好了，从冰箱中取出冻豆腐放入方平底盘中，在室温下自然解冻。

④ 待冻豆腐完全解冻后，切成较大的块。[图1]

⑤ 将胡萝卜切成厚度约5毫米的圆片，将荷兰豆用盐水煮一下。取1只锅，放入高汤（泡发干香菇的水也需一并倒入）、胡萝卜片和泡发好的香菇纯煮，煮开后加入A中所述的其余调料。接着，将④中处理好的冻豆腐块下入锅中，加盖1张干净的纸作为盖子，以小火或中火炖煮15—20分钟，然后加入用盐水煮好的荷兰豆，稍稍熬煮一下，待荷兰豆煮透后即可盛出摆盘。

point

好过煮制的素野豆腐可以和鸡蛋一起做成盖饭，帮冷后的赤豆腐还可以放入之前的油炸新中以增加浓味，再加入锅酱调制出比萨那的味道，建议多多尝试。

挑战3种不同的豆馅

豆馅

自己动手制作的豆馅不仅不会太甜，更能充分体现豆子原本的质朴香味。
在制作不同的和式点心时，区分使用这3种豆馅吧。

15

细沙馅

[保 存]

冷藏约保存4—5天，冷冻可保存1个月。

[食 材]

（做好的成品为750—800克）

- 红小豆…300克
- 上白糖…240克

[步 骤]

1. 与制作“红豆粒馅”的步骤1～4中的操作一样，将豆子炖煮并焖好。然后取1只大碗，将笊篱架在上面，分3—4次，将豆子少量多次地移到笊篱中控水。
2. 一边缓缓地向笊篱中浇一些水，一边用木质的勺子将豆子捣碎并按压下去。最后将笊篱中残留的豆皮舍弃。
3. 取下笊篱，在碗中加入一些水，直至液面升高至碗的上半部。静置沉淀一下，待“豆沙”都已沉淀在碗底，动作轻缓地将上层清澈的水舀出去。
再将上述过程重复做3遍，直至舀出的水完全变清。
4. 在笊篱中铺上1层毛巾，倒入沉淀好的豆沙过滤一下。然后将毛巾用力拧干，将豆沙中多余的水分完全去除干净。
5. 将毛巾上残留的豆沙移至锅中，加入上白糖，开小火加热。
待上白糖溶解后，转至中火进行熬制。
6. 要让水分充分蒸发出去，直至用勺子搅动豆沙时可以看见露出的锅底。
试着舀出一些豆沙倒在容器中，如果已经黏稠到能够“站住”并保持形状，就说明已经熬制好了。
7. 熬好后，将豆沙一点点地舀出来，平铺在方平底盘中，使之自然冷却即可。

16

红豆粒馅

[保 存]

冷藏可保存4—5天，冷冻可保存1个月。

[食 材]

（做好的成品为750—800克）

- 红小豆…300克
- 上白糖…240克
- 盐…少许

[步 骤]

1. 将红小豆放到笊篱中清洗一下。
2. 将红小豆放入锅中，倒入一些水，使液面刚刚没过豆子，开火加热。
以大火炖煮，以去除豆子中的涩味，最后需将颜色变成茶色的汤倒掉。
3. 再次炖煮，当水煮开后，需将火调小，并调整火力，使豆子刚好能够轻轻地上下跳动。这样持续煮制40—60分钟，直至豆子变软。
这时，锅中的液面通常能够没过豆子。如果水少了，则需在煮的过程中随时加水。
煮好后再盖上锅盖焖30分钟左右。
4. 将豆子倒入到笊篱中，沥干水分，再倒回锅中。
5. 加入上白糖，按照“小火——中火——大火”的顺序调整火力，慢慢熬煮至收汁。
6. 当上白糖已经较为充分地与豆子融合在一起时，加入盐。如果加入较多的盐，还可以做成田园风格的红豆粒馅。
7. 熬煮至汤汁收净。由于红豆粒馅在晾凉后还会变硬很多，所以煮制豆子仿佛已经形成了一个整体，可以与锅底分离开来的状态为佳。
待豆馅已经顺滑就可以关火了。可以用勺子搅动一下，看看豆馅是否已经能够“站住”并保持形状，就可判断其黏稠度了。
8. 将豆馅一点点地舀出来，平铺在方平底盘中，使之自然冷却即可。

17

白豆馅

[保 存]

冷藏可保存4—5天，冷冻可保存1个月。

[食 材]

（做好的成品为750—800克）

- 白芸豆…300克
- 上白糖…240克

[步 骤]

1. 将豆子清洗一下，放入水中浸泡。冬季需浸泡约10小时，夏季则需浸泡7—8小时。
泡好后加入充足的水，开大火煮制2分钟左右，用笊篱捞出清洗一下。再将上述过程重复做3遍。
2. 与制作“红豆粒馅”的步骤3的操作一样，将豆子炖煮至变软，再盖盖焖好。然后取1只大碗，将笊篱架在上面，分3—4次，将豆子少量多次地移到笊篱中控水。
3. 用木质的勺子将豆子捣碎并按压下去。最后将笊篱中残留的豆皮舍弃。
4. 取下笊篱，在碗中加入一些水，直至液面升高至碗的上半部。静置沉淀一下，待“豆沙”都已沉淀在碗底，动作轻缓地将上层清澈的水舀出去，舍弃。
再将上述过程重复做3遍，直至舀出的水完全变清。由于这一步是决定白豆馅味道的关键，一定要认真完成，直至水不再浑浊。
5. 在笊篱中铺上1层毛巾，倒入步骤4中的成品过滤一下。然后将毛巾用力拧干，将豆沙中多余的水分完全去除干净。
6. 将毛巾上残留的豆沙移至锅中，加入上白糖，开小火加热。
待上白糖溶解后，转至中火进行熬制。要让水分充分蒸发出去，直至用勺子搅动豆沙时可以看见露出的锅底。
试着舀出一些豆沙倒在容器中，如果已经黏稠到能够“站住”并保持形状，就说明已经熬制好了。
7. 熬好后，将豆沙一点点地舀出来，平铺在方平底盘中，使之自然冷却即可。

只有手工制作才能得到的柔滑口感

大 福

在自家制作大福，也能再现
如牛皮糖般口感软糯的美味外皮。
如果用外皮包裹冰淇淋，
还能做成冰淇淋大福。

【保 存】

冬季时，常温下可保存3天；夏季时，冷藏可保
存2天。

【食 材】 (做好的成品为8个)

- 和式年糕粉…75克 ・白糖…105克
- 水…135克 ・马铃薯淀粉…适量

【红豆大福】 (做好的成品为8个)
- 煮好的豌豆粒…100克
- 红豆粒馅…320克

【草莓大福】 (做好的成品为8个)
- 草莓…8个 ・细沙馅…240克

【步 骤】

❶ 取1只可微波加热的碗，放入和式年糕粉和
白糖，边少量多次地加入水，边进行搅拌，
再用打蛋器等工具搅拌一下，直至其中不再
有团块。(这时，可以依个人喜好加入可食用
的色粉对面团进行调色，可调成粉、绿、青
等颜色。)

❷ 将步骤1中的成品放入微波炉(600W)中加
热1.5分钟左右，取出充分混合。
再次放入微波炉，加热1分钟左右，取出充分
混合，再将"加热1分钟——取出混合"这
一步骤重复做2遍。【图1】

❸ 检查一下面团的硬度，如果通体透明，有圆
鼓鼓的膨胀感，且散发出糯米的香气，则说
明面团已经制作好了。

❹ 取1只方平底盘，在底部撒上1层马铃薯淀
粉，将和好的面团移到方平底盘中。取1只
茶叶筛子，挡在面团之上，从茶叶筛子上方
也撒入一些马铃薯淀粉。

❺ 将面团等分成8份。

❻ 【红豆大福】
将等分后的小面团揉圆并按压成扁圆的面片，
将红豆粒馅等分成8份(每份约40克)，在手
掌上抹1层马铃薯淀粉，托起做好的面片，在
面片上放上煮好的豌豆豆粒，再在豌豆豆粒
的上面放上等分后的红豆粒馅，将面皮包起
来，整理好形状即可。

【草莓大福】
将草莓去蒂，洗去表面的污垢，将等分后的
小面团揉圆并按压成扁圆的面片，将细沙馅
等分成8份，用每份包住1个草莓，揉圆，在
手掌上抹1层马铃薯淀粉，托起做好的面片，
放上包好草莓的细沙馅，将面皮包起来，整
理好形状即可。

❶

需将糯米面团放入微波炉中加
热，再充分混合，如此反复数次，
才能做出有膨胀感的美味面皮。

point

- 也可选用糯米粉代替和
式年糕粉。
- 包大福的时候要先在
手掌上抹1层马铃薯淀
粉，这样直至包完都不
会粘在手上了。

煮制豌豆粒的方法

【食材】赤豌豆…100克/盐
…1—2小匙/小苏打…½小
匙【步骤】将赤豌豆提前在
水中浸泡1晚，坐锅，放入
泡好的赤豌豆并倒入充足的
水，加入½小匙的小苏打。
开火煮制，煮开后转至中
火，再煮5—6分钟，将豆
子用笊篱捞出，用水清洗
一下。再次倒回锅中，倒
入充足的水，煮制约15分
钟，关火后加入1—2小匙
盐，待其自然冷却后用笊
篱将豆子捞出。

做出麦香浓郁的手擀荞麦面

手擀荞麦面

手擀荞麦面的魅力
在于筋道弹牙的口感，
和麦香馥郁的风味。
如能自己亲手做，
更能突显出荞麦的精华美味。

【 保 存 】
常温下可保存1天，冷冻可保存1个月。

【 食 材 】 (做好的成品为500克)

· 荞麦粉…400克
· 面粉（高筋粉）…100克
· 水…200—240毫升
· 薄面（用马铃薯淀粉也是可以的，但建议选用荞麦粉）…适量

point

· 根据制作当天空气湿度的不同，需加水的量也会有所差异，要视面的状态增减加水的量，夏季时加水的量需少一些，冬季时需多一些。
· 为避免黏连，要充分地撒上薄面，建议选用荞麦面。

【 步 骤 】

取1只大盆，放入荞麦粉和高筋面粉，充分搅拌混合，再开始加水，这时要注意手部的动作，手指要伸直，像画圆圈般地将面整体迅速搅动，使之与水充分融合，在这样的搅动中让水充分渗入荞麦粉中，便是成功做出荞麦面的秘诀。

荞麦粉会渐渐形成团块状，视面团的情况来决定是否添水，如需添加，可像撒盐那样洒入一些水。注意，即使面团和软了，之后也不能再往里加荞麦粉了。

接下来要两手一起做揉面的动作，将所有面都均匀地进行揉搓，这时，面整体的颜色都将渐渐变为茶色，并开始黏连在一起。

使用手掌上靠近手腕的部分，用力按压，将面整理成一团。

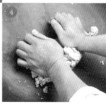

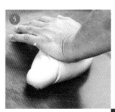

借助全身的力气, 在大盆中用力揣面。要一直揉搓到面团再也没有干粉的感觉, 且表面光滑为止。

在案板上撒上薄面, 将面团放在上面, 借助全身的重量, 用手掌将面团按扁, 一边稍稍转动面团, 一边要将其按碎一般用力按压成圆饼状, 薄面可以多撒一些。

充分揉好后, 再利用大盆内壁的弧度, 将面团转着圈地揉搓, 整理成近似于桃子的形状, 这样做, 可以使面团内部的空气完全排出来。

用擀面杖擀面饼, 每擀开一次, 将面饼转动45°, 再擀开, 直至擀成圆形的面片。擀制时需保持整张面饼厚度均匀, 一点点地将其擀大, 直至直径约为30厘米。手总是推着擀面杖向面饼的中间擀, 就能擀出厚度一致的面片了。

将圆形的面片擀长, 擀出棱角, 使其形状接近于边缘平滑的四边形, 这样做是为了在之后切面时避免切出过短的面条而造成浪费, 然后, 先纵向擀开。

当面片纵向的长度已经被拉伸到约60厘米时, 就可以将其转动90°, 擀另一个方向了。用擀面杖将面片的另两个角也擀出来, 这时要搓动擀面杖慢慢地擀开。

再用擀面杖将面片卷起来, 使其紧紧地缠裹在擀面杖上, 然后再往自己这边倒退着擀3—4次, 将面片充分擀薄。

将步骤9—步骤11的操作再在每个方向上各重复做两遍, 将面片擀成接近正方形的形状, 这时再将其继续擀开, 每在一个方向上擀1次就将面饼转动90°, 而后再擀开, 直至面片的厚度薄至约1.9毫米。

为避免黏连, 在案板上撒上一些薄面, 再放上面片, 将其纵向对折起来。由于面片已经被擀得很薄, 这里一定要小心不要弄破, 折叠时动作一定要轻缓。

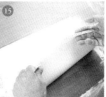

再次重复"撒薄面——由里向外对折"这一过程, 折叠起来的面片就一共有8层了。折叠时还需注意, 下层总是比上层的宽度要窄一点。

再在面片上撒上一些薄面, 由里向外再将面片对折1次。

在用来切面的案板上撒上一些薄面, 将折叠好的面片放在上面, 用刀切成宽度约2毫米的细面条。为避免黏连, 薄面一定要多撒一些。

口感爽滑，咽下后别有一番滋味

手擀乌冬面

只有用手擀的方式来做
才能吃出"吸溜吸溜"的顺滑感。
在自家就能尽情享受这种奇妙的口感。
这个周末，你不想挑战一下自制手擀乌
冬面吗？

【保存】
冷藏可保存3—4天。

【食材】（4人份）
• 面粉（中筋粉）…500克
• 水…200—225毫升
• 盐…20—25克
• 薄面…适量

point
• 乌冬面的面团比想象中要硬，很不好和。所以，关键在于"用尽全力揉搓"。
• 煮乌冬面时要多放些水，边轻轻将面条拨散边煮。煮至面条中间没有硬芯即可。煮好后需用笊篱捞出，放在流动水下冲洗一下。

【步骤】

取1只大盆，放入中筋面粉。另取容器将盐和水混合配成盐水，再倒入大盆中。

接下来要两手一起将面捏合到一起，将所有面都均匀地和一遍，这时，面粉会渐渐形成团块，并呈现出黏连在一起的感觉。

开始和面时要注意手部的动作，手指要伸直，像画圆圈般地将面整体迅速搅动，持续重复这样的动作，使水充分融合到全部面粉中。

使用手掌上靠近手腕的部分，用力按压，将面整理成一团，视面团的状态来决定是否需要添水。在夏季，面团容易塌软，所以可以和得稍硬一些，在冬季则应和得稍软一些，注意，即使面团和软了，之后也不能再往里面加面粉了。

⑤ 将整理好的面团用干净的塑料布包裹起来,放在地上,塑料布也可用大的塑料袋代替。

⑦ 将塑料布展开,将踩好的面片左右对折,再上下对折,然后再包裹起来5分钟左右。将"踩——折叠——再踩"这一过程反复做5遍,使面团变得更加坚实,用脚踩可以使水分更充分地融合到面团里。

⑥ 用脚踩面团,使其从中央向外侧平展开来,需持续踩5分钟左右,将面团踩成扁平状。

⑧ 最终将面团处理成大小约为35厘米×35厘米的正方形面片为佳。

⑨ 将面片移至案板上,用擀面杖先将4个角擀开。

⑪ 随时检查面片的厚度,将较厚的地方多擀几下,使整体厚度均匀。

⑩ 用擀面杖将面片从面前的一角开始卷起来,边抻边向面片中部卷。卷的时候也要变换不同的角度,将各个部分都充分拉伸到。

⑫ 用擀面杖将将面片卷起来,再擀一擀,最终将其擀制成厚度约为3毫米、边长为40—45厘米的正方形面片。

⑬ 如果面片的大小还不够,也可以直接用手来抻,由于做乌冬面时和制的面团很筋道,几乎不会被抻破。

⑮ 在案板上撒上一些薄面,再放上折叠好的面片,根据个人喜好切成宽度适当的面条。这一步的要点在于让每根面条的宽度趋于一致。

⑭ 将近侧一半面片用擀面杖卷起来。在远侧的那半张面片上撒上薄面,握住擀面杖将面片由里向外¼处对折,再在对折好的那¼张面片上撒上薄面,放开卷在擀面杖上的面片,以同样幅度从外向里折,重复操作,折成4折。

⑯ 切好的乌冬面应尽快一根根地分开,抖掉表面的薄面,用棍子挂起来晾在室内,使其表面自然风干,由于受到重力的影响,这一步骤还有将面条拉直的效果。夏季时需风干约1个小时,冬季时仅需风干约15分钟即可充分干燥。

㉑

柔软筋道的口感，
便是意大利面的精髓之所在

手擀意大利面

浓郁的香气、柔软而筋道的口感诱惑难挡，
在自家也能做出这样的意式美味。
不需要借助什么特殊的工具，
就能轻松地搞定了。

【保存】

冷冻可保存1个月。

【食材】（4人份）

· 高筋面粉…200克
· 鸡蛋…2个
· 盐…½小匙
· 特级初榨橄榄油…1大匙
· 薄面…适量

point

· 厚约1厘米，长约7厘米
  的意大利面，煮制时间为
  5—6分钟，如果把刚做好
  的面坯马上切成面条来煮，
  则仅需煮4分钟左右。
· 当天室内空气的湿度，以
  及所使用鸡蛋的大小，都
  将左右面粉的用量，所以
  应在和面时视面团的硬度
  来调整加入面粉的量。

【步骤】

将面粉堆在案板中央，在中间弄出一个
凹下去的"窝"，打入鸡蛋，放入盐和
橄榄油，再将它们慢慢地混合到一起。

将"窝"的周围破坏掉，一点一点地将
面粉向中间归拢，将所有材料整理成1
个面团。

使用手掌上靠近手腕的部分，把面不断
向内侧折叠并按揉，边转动面团边揉制，
持续10分钟左右，直至面团表面变得光
滑。由于醒面后面团还会变软，所以此
时应和得稍硬一些，硬度约与自己的耳
垂差不多即可。揉好后将面团用保鲜膜
包裹起来，置于常温下醒30分钟左右。

将醒好的面团取出进行擀制。一边将面
团不时左右转动，上下翻动，用擀
面杖将其擀薄。擀成厚度约为1毫米的
面饼即可，如果擀面杖较短，也可将面
团分为3—4份，分别擀制。

用擀面杖再将面片反复卷一卷，由于面
片已经被擀得比较薄，很容易弄破，所
以动作要轻缓。对于仍没有充分擀薄的
部分，也可以借助擀面杖抻一抻，使其
厚度变得更加均匀。

静置约5分钟，使其表面充分干燥，为
避免黏连，需撒上一些薄面，然后将面
片折叠若干层，宽度便于切开即可。将
面片切成宽度约7毫米的面条，为避免
黏连，每切出10根左右就要马上将它们
一根根地抖开并平展开，再撒上薄面。

22

卖相很漂亮，非常适合
摆上家庭宴会的餐桌

三文鱼奶油蝴蝶意面

【食材】(4人份)

- 意大利面面坯…200—320克 • 黄油…20克 • 芦笋…4根
- 烟熏三文鱼…80克 • 生奶油…200毫升 • 盐…1小撮
- 白胡椒粉…适量 • 帕尔玛干酪（需擦碎成奶酪末）…3大匙

【步骤】

❶ 将意大利面的面坯擀成较薄的面饼，切成约2.5厘米×5厘米的长方
形面片，用手指将面片中央捏紧，做成蝴蝶结的形状。这时如果使用
切割意大利面片的专用工具，还可以将边缘做出如照片中展示的锯齿
状效果。

❷ 将芦笋斜切成小段，烟熏三文鱼切成宽度约为7毫米的鱼肉条。取1
只平底煎锅，加入生奶油，放入芦笋段煸炒一下。加入鱼肉条继续煸
炒，待其变色后，加入生黄油一起炖煮，再加入盐、白胡椒粉和奶酪
末调味。

❸ 另取1只锅，烧水准备煮面，烧开后，加入适量的盐并将意面放入，
煮制约4分钟，煮好后捞出，在蝴蝶意面中拌入步骤2中的成品即可。

23

香气浓郁，充分展现
意大利菜肴之精髓

蘑菇风味意面

【食材】(4人份)

- 意大利面面坯…200—320克 • 大蒜…1瓣
- 洋葱…⅓个（约120克） • 意大利产欧芹…适量 • 蘑菇…5个
- 杏鲍菇…2个 • 丛生口蘑…1株 • 干燥的普尔契尼香菇…10克
- 红辣椒…⅓个 • 特级初榨橄榄油…2大匙 • 生火腿…2片
- 白葡萄酒…50毫升 • 黄油…30克 • 帕尔玛干酪…4大匙
- 盐…适量 • 黑胡椒粉…适量

【步骤】

❶ 将大蒜、洋葱和意大利产欧芹切成末。为了适当保留蘑菇弹牙的口
感，杏鲍菇和丛生口蘑要切成较大的块，或用手撕成便于食用的大
小。将干燥的普尔契尼香菇放入70℃的热水中浸泡，约5分钟后捞
出，粗略地切一下。泡烫香菇的水需保留备用。

❷ 取1只平底煎锅，倒入橄榄油，将大蒜末、洋葱末和辣椒煸炒，再下
入所有处理好的菇类食材，以大火一起翻炒，加入白葡萄酒，待酒精
蒸发后倒入泡烫香菇的水，再加入盐和黑胡椒粉调味。

❸ 将步骤2中的成品与煮好的意大利面混合起来，再拌入黄油和奶酪
即可。

选喜欢的馅料，玩转比萨

比萨

生火腿、橄榄、马苏里拉奶酪……
选择不同的馅料，
便能变换出无数种美味。
面饼的薄厚也可随意调节，
更令人乐在其中。

【保存】

冷冻可保存1个月。

【食材】（做好的成品约为3张，直径约为20厘米）

· 高筋面粉…200克 · 低筋面粉…100克 · 干酵母…5克
· 盐…½小匙 · 特级初榨橄榄油…1大匙 · 微温的水…190毫升

【制作玛格丽特比萨的食材】（制作1个饼坯需用的量）

· 干酵母…3大匙 · 马苏里拉奶酪…80克
· 帕尔玛奶酪（需擦碎成奶酪末）…3大匙
· 罗勒叶…4—5片 · 特级初榨橄榄油…1大匙

【步骤】

取1只大碗，放入高筋面粉、低筋面粉、干酵母、盐和橄榄油，加入170毫升温水，剩余的20毫升等需之后和制时再视面团的硬度决定是否添加。手指伸直，像画圈般旋转，将所有食材用混合到一起，整理成一团。

将面团移到案板上，像是要将其揉碎般用力撅一撅，待面团已经不再黏手，借助手掌下靠近手腕的部分，把面不断向内侧折叠并按揉。持续揉制10分钟左右，直至面团表面变得光滑。

将已揉好的面团放入碗中，在碗口封上一层保鲜膜，置于常温下发酵一个小时左右，而后将已充分发酵的面团轻轻地撅5—6次，以排出其中的空气。

将面团均匀地切分成3份。然后利用面团的张力将切出的断面扒向两侧，将断面"藏在"面团的底部。

将面团整理成圆形，用擀面杖擀制成直径约20厘米、厚度约5毫米的面饼。擀制的厚度可以根据个人喜好调节，如果希望做出清脆的口感，可以擀得薄一点，如果想吃比较暄腾的，就擀得厚一点，擀好后需在面饼上盖上1层干净的毛巾，静置醒制15分钟左右。

在面饼上涂抹一层番茄酱，码放上马苏里拉奶酪，撒上帕尔玛干酪末，再转着圈地撒上一些橄榄油（单备橄榄油，不占食材中橄榄油的用量），以240℃的温度烤制15分钟左右（在面饼厚度约为5毫米的情况下）即可。如果在面饼的边缘处也涂上一些橄榄油，还可以把边缘也烤出漂亮的焦黄色。

(25)

简单的美味，也令人沉迷

简易比萨

【食材】(制作1个饼坯需用的量)

- 比萨饼坯…1个
- 洋葱…⅙个（约30克）
- 土豆…1个
- 迷迭香…1枝
- 岩盐…适量
- 帕尔玛干酪…2大匙
- 特级初榨橄榄油…1大匙

【步骤】

❶ 将洋葱切成很细的丝，将土豆切成约2毫米厚的薄片。将比萨饼坯擀成直径约为20厘米的面饼，在上面撒上洋葱丝，再码放上土豆片。最后撒上迷迭香的叶子、岩盐和帕尔玛干酪。

❷ 在面饼上转着圈地淋上橄榄油，放入烤箱，以240℃的温度烤制15分钟左右。

❸ 当面饼的边缘呈焦黄色，且奶酪已经融化，就烤好了。

(26)

非常适合搭配红酒的下酒菜

炸酥角

【食材】(制作1个饼坯需用的量)

- 比萨饼坯…1个
- 色拉油…适量
- 生火腿…根据个人喜好适量添加
- 橄榄…根据个人喜好适量添加

【步骤】

❶ 将比萨饼坯擀成厚度约为7毫米的面饼，用刀切成菱形的片。坐锅将色拉油加热至180℃，将面片下入炸制。

❷ 吃时搭配上生火腿及橄榄等。

❸ 根据个人喜好，也可搭配奶酪等。

point

如果难得花费时间精力做一次比萨，不如连番茄酱都自己制作吧。这时，选用"LA TERRA E IL CIELO JAPAN"牌番茄罐头就再适合不过了，能够做出香气浓郁的番茄酱。将洋葱切成细丝，在锅中倒入橄榄油，放入大蒜和辣椒开火煸炒，待炒出香味后，与洋葱丝一起炒制，然后倒入前面介绍的番茄罐头，加入盐、胡椒粉和牛至调味，再以中火炖煮15分钟左右，即可做成番茄酱。

(27)

做面包的初次尝试，可由此开始

热狗面包

制作简单而味道质朴的面包，

和多种食材都能够很好地搭配。

如果是初次挑战做面包，就从这一款开始吧。

【保存】

冷冻可保存2周。

【食材】 (做好的成品约为12个)

Ⓐ ・高筋面粉…200克　・低筋面粉…50克
・白糖…25克　・盐…4克　・脱脂奶粉…10克
・水…130克　・生酵母…10克 (如选用干酵母，则需4克)
・鸡蛋…40克　・黄油…40克　・打好的蛋液…适量　・薄面…适量

> *point*
>
> ・比起刚刚烤好的时候，面包其实在刚好晾凉的时候才是最好吃的。
> 如果使用火力较弱的烤箱，烤制时面团中的水分会蒸发得较少，
> 所以非常适合制作柔软的面包。相反，火力强的烤箱能够烤出面
> 包的脆感。哪盒制作较硬脆的面包，它们在烤制时各具特点，所
> 以建议多多进行尝试，摸索出它们各自的特征。

【步骤】

取一只大碗，将A中所述食材放入，充分混合。另取容器，用水将生酵母溶解开，再放入鸡蛋，一并倒入大碗中，将混合好的面团移到案板上，用力摔一摔，一直至面团整体硬度均匀，然后边往案板上摔打边揉搓，持续约15分钟。

当面团已经变得光滑柔顺，取1小团面，试着用指尖将其拉伸开，如果能够形成一张较薄的膜，则说明已经揉好了。这样的薄膜也被叫做"面筋膜"。如果面一拉伸开就断了，则说明还揉制得不够。

揉好后，将黄油包裹在面里，像是要将其揉碎般地将二者用力混合起来，待黄油已经完全均匀地融入面团之中，再次边往案板上摔打并揉搓，持续约15分钟。

将面团放入大碗中，用保鲜膜封好碗口，置于28—30℃的环境中，发酵50分钟左右，当面团大小变为初始时的两倍，就可以取出进行下一步的操作了。将面团分成12份，每份约重40克，再逐一团成球状，将这些小面团码放到案板上，用干净的塑料布盖起来，静置醒制15分钟左右 (休息时间)。

将每个面团在案板上稍稍按扁，将面饼远离自己的那一端⅓的部分向下翻折，将面饼旋转180°，再将远离自己的那一端⅓的部分向下翻折，再将两次折叠的接口处严实地按封好，按实，用手掌的部分将其稍稍滚一滚，整理成较细长的柱状。

将处理好的面包坯置于35℃的环境中，再次发酵50分钟左右。在面包坯的表面涂刷上1层打好的蛋液，放入烤箱中，以约220℃的温度烤制10—12分钟即可。

28

黄油风味浓郁的幸福味道

法式牛角面包

在"咔嚓"一口咬下的瞬间，
芳醇的黄油香气便四溢开来。
作为需要花费时间来制作的美食，
在完成时获得的满足感也是巨大的。

【保 存】

冷冻可保存2周。

【食 材】 （做好的成品约为10个）

- 法式面包专用粉…250克　• 白糖…30克　• 盐…5克
- 脱脂奶粉…5克　• 黄油…5克
- 生酵母…9克（如选用干酵母，则需4克）　• 水…130克
- 鸡蛋…13克　• 黄油（用于夹入做馅）…125克
- 打好的蛋液…适量　• 薄面…适量

加入面皮间做馅的黄油，在使用前需放在冰箱内冷藏保存。在将面皮擀开时，注意不要太过用力。如果在制作法式牛角面包的面皮中卷入巧克力，还可以做成"法式巧克力酥卷"。

【步 骤】

取1只大碗，放入法式面包专用粉、白糖、盐、脱脂奶粉和黄油，将它们充分混合。另取容器，用水将生酵母溶解开，再放入鸡蛋，一并倒入大碗中，进一步混合。

混合至面团已经再也没有干粉的感觉了，便将其移到案板上，像是要将其揉碎般地用力搋一搋，一直揉至面团整体硬度均匀，便开始边往案板上掼打边揉搓，持续约5分钟。

将面整理成一团，放入大碗中，用保鲜膜封好碗口，置于温度约为30℃的环境中，发酵40—60分钟，当面团大小变为初始时的两倍，将面团中的空气挤出，用干净的塑料布包裹起来，放入冰箱内冷藏15—20分钟。

将冷藏的黄油和面团取出来，将黄油用擀面杖敲打，整理成边长约为20厘米的正方形，将面团擀制成边长约为25厘米的面饼，用面饼将黄油片包裹起来，并将面皮接缝处严实地封好，按实。

将"黄油面饼"用擀面杖擀开，使其长度变为3倍左右，然后上端向下翻折，下端向上翻折，折成3折，将面饼旋转90°，再次擀开，使其长度变为折叠好时的3倍左右，然后上下翻折，折成3折，将面饼用干净的塑料袋包裹并密封起来，冷冻40分钟左右，取出，再将"擀长——折成三折"的步骤进行一遍，最后再冷冻40分钟左右。

将面饼进一步擀薄，如果擀不动，可再放入冰箱冷冻室中冷冻20分钟，将面饼擀成长65—75厘米的面片，从底边开始卷起来，将面坯放到烤盘上，置于32℃的环境中，进行60—80分钟的"最终发酵"，在其表面涂上1层打好的蛋液，放入烤箱中，230℃烤制15分钟左右即可。

体验新鲜的风味

(29) **黄 油**

【 保 存 】

冷藏可保存1周。

【 食 材 】(做好的成品约为100克)

· 生奶油(乳脂肪含量为45%)…200毫升

【 步 骤 】

① 取1只碗,放入生奶油,用打蛋器充分搅拌。搅拌较长时间之后,水分就会分离出来,固体的部分则越来越硬。这一固体的部分就将是黄油了。用橡胶质的勺子挑起来,在碗壁上停留一会儿,以沥干多余的水分。
随着搅拌的进行,生奶油的颜色会渐渐变黄,也开始立起棱角。

② 将□□中处理好的固体部分取出,用厨房纸巾将表面残留的水分擦拭干净即可。这样直接使用,就是无盐黄油了。也可加入一些盐,做成含盐黄油。[ ]

point

□□□□□□□□□□□□□□□
□□□□□□□□□□□□□□□
□□□□□□□□□□□□□□□

加醋即可完成

(30) **茅屋芝士**

【 保 存 】

冷藏可保存2—3天。

【 食 材 】(做好的成品约为150克)

· 牛奶…5杯
· 醋…¼杯

【 步 骤 】

① 取1只碗,倒入牛奶,加热至即将沸腾时加入醋,关火。然后用木质的勺子缓缓搅动。

② 当锅内的混合物开始分离成透明的液体和呈颗粒状的固体,即停止搅拌。另取1只容器,将笊篱架在上面,并在笊篱上铺上1层纱布,用大勺将锅内的混合物舀到笊篱中。兜起纱布,将过滤出来的部分轻轻地拧一拧,以去除多余的水分,就这样包裹着纱布放入冰箱内冷藏,待水分进一步自然散失即可。[ ]

point

□□□□□□□□□□□□□□□
□□□□□□□□□□□□□□□
□□□□□□□□□□□□□□□

有效浓缩草莓的风味

㉛ 草莓酱

【保存】
冷藏可保存1个月。

【食材】(做好的成品约为500克)
• 草莓…600克 • 粗粒砂糖…200克 • 柠檬片…2片

【步骤】
1. 将草莓洗净、去蒂，使用刀子，将草莓的果柄去除干净。
2. 取1只锅，放入草莓和粗粒砂糖，混合搅拌一下，静置腌渍约3小时，直至草莓中渗出的液体已经刚好能够没过草莓。
3. 取少许盐，用手将柠檬表面用盐揉搓一下，再用水洗净，以去除其表面的蜡质层，然后用刀切下两片厚度约5毫米的圆片，放入步骤7中的成品中，开火加热。
4. 煮的时候应尽可能用较短的时间煮制，但为了使成品色、香、味俱佳，也要注意火力不要过猛，不要让锅内的混合物喷溅甚至溢出，且为避免糊锅，需边煮边用木质的勺子缓缓搅动。
5. 煮的过程中要留意观察，将产生的浮沫及时舀出去，撇去浮沫可以使成品的味道更加清爽，但也不必太过在意。
6. 由于草莓酱晾凉后还会变得更加黏稠一些，所以混合物比想要的黏稠度还要稀一点时就需要关火了。取用于保存的容器，进行煮沸消毒，再将草莓酱趁热倒进容器中并将盖子密封好。

感受橙皮馥郁的香气

㉜ 香橙酱

【保存】
冷藏可保存1个月。

【食材】(做好的成品约为260克)
• 橙子…2个 • 粗粒砂糖…80克 • 柠檬汁…1大匙

【步骤】
1. 将柠檬表面的蜡质层去除干净，清洗后将表面多余的水分擦拭干净。将柠檬对半切开，用挤压式的榨汁器榨出柠檬汁，并将其中的柠檬籽挑出来。再将柠檬皮内侧残留的较薄的果肉用手撕下来，连同刚刚挑出来的柠檬籽一起用纱布包起来扎紧，使之成为一个纱布包。
2. 将橙皮切成宽度约1毫米的细丝，取1只锅，放入足量的水，加入橙皮丝，开火加热，待水煮沸后，用笊篱将橙皮丝捞出，将锅中的水倒掉，稍稍尝一下橙皮丝，如果觉得比较苦，可以在水中长时间浸泡以去除苦味。
3. 将橙皮中多余的水分充分拧干，放入锅中，再放入包有残留的果肉和柠檬籽的纱布包，加入足量的水。【图1】
   煮制40～50分钟，过程中需保证水量始终没过橙皮丝，所以需要时应添加上适量的水，文火慢煮，直至橙皮丝变软。
4. 将纱布包中的水分挤出后取出，在锅中加入粗粒砂糖，榨出的橙汁及柠檬汁，以较强的中火去煮至收汁，其间需用木质的勺子搅动并撇去浮沫，至锅中混合物呈现出鲜亮的光泽并变得黏稠即可。

为餐桌增添一抹亮丽的橙色

（33）

甘露煮金桔

【保存】

冷藏可保存2周。

【食材】（做好的成品约为600克）

- 金桔…20个（约重300克）
- 白砂糖…150克
- 盐…少许

【步骤】

① 将金桔洗净，再将表面多余的水分擦拭干净。为防止之后煮制的时候膨胀破裂，需用刀子在每个金桔上划4—5刀。并且，这样做也有助于让味道渗入金桔内部。

② 取1只锅，放入足量的水，加入金桔，开中火加热，待水煮沸后，迅速用笊篱将金桔捞出，将锅中的水倒掉。

③ 将金桔在水中浸泡约2—3小时，以去除苦味，由于这道菜中的金桔是要整个吃的，一定要完全去除其苦涩味。

④ 在锅中放入金桔和一半的白砂糖，放入足够没过金桔的水，开中火加热。煮至金桔开始幅度较大地摇晃。震荡，注意，一定不要只煮到金桔开始微微晃动。游移而已。

⑤ 以这样的状态煮制约15分钟后，加入剩下的一半白砂糖，继续煮制，直至金桔的皮变得透明，好像表面覆盖着一层水膜一般，这时，切换为比中火稍弱的火力，不时将锅轻轻摇晃一下，煮制30—40分钟，其间如果水变得比较少了，需随时添加。

⑥ 为更有效地突出甜味，最后需根据个人喜好加入少许盐并轻轻搅拌均匀，通常，盐只要轻轻地捻一小撮即可。

亲手制作美食，心中格外感动

涩皮煮板栗

【保存】

冷藏可保存2周。

【食材】（做好的成品约为700克）

- 板栗…500克（约20个）
- 小苏打…6大匙
- 上白糖…200克

【步骤】

① 剥板栗时，为使其硬壳变软一些，需先将其浸泡在温热的水中，直至水温自然变凉。泡好后，将板栗捞出，剥去外壳，剥的时候需注意不要把板栗里面的那层褐色薄皮弄破。

② 取1只锅，放入足量的水，加入板栗仁和2大匙小苏打，开中火加热。待水煮沸后，将火力稍稍调小，煮制4—5分钟，以去除板栗中的苦涩味，煮至水面冒出水泡，且汤汁变为较深的暗红色，即可捞出板栗仁，将锅中的水倒掉，动作轻缓地用水将板栗仁清洗一下。再向锅中倒入足量的水，加入洗好的板栗仁和2大匙小苏打，以同样的步骤煮制，进一步去除板栗中的苦涩味，然后再将同样的步骤重复做1遍，此步骤共需进行3遍。

③ 将附着在板栗仁外薄皮上的筋沿着沟槽掐下来去除掉。处理完后再将板栗仁用水清洗一下。

④ 在锅中放入足量的水，加入板栗仁，盖好锅盖，开火加热。以文火煮制约30分钟后，加入⅓的上白糖。
继续煮制，每煮制30分钟便加入⅓的上白糖，待板栗仁变软后，打开锅盖开始收汁，煮制汤汁变得黏稠即可。
其间，需将锅端起晃动几次，以使味道融合得更加充分。

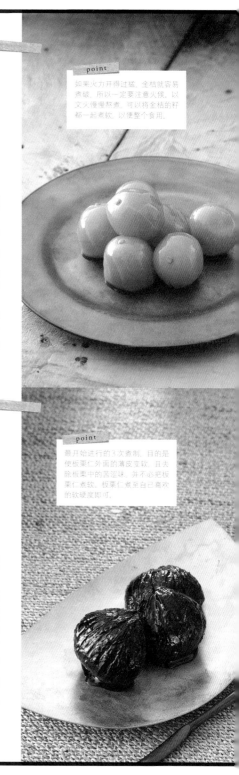

(35) 糖浆苹果蜜饯
充分感受果实的美味

[保 存]

冷藏可保存1周。

[食 材] (做好的成品约为700克)

- 苹果…2个 · 三温糖…300克 · 水…900毫升
- 切好的圆形柠檬片…2片 · 棍状的桂皮…½根

[步 骤]

① 将苹果去皮后纵切成两半,连同种子挖去中间的果芯,这时可以使用前端为圆弧形状的小量勺等工具,转着圈地挖动,就可以利落.漂亮地挖出果芯了。

② 取1只锅,放入水和三温糖,开火加热,使三温糖溶解.然后放入苹果、柠檬片和桂皮。

③ 将纸质的简易锅盖放在液面上,以中火煮制20—60分钟(根据苹果品种的不同,煮制时间也存在差异),将苹果的果肉煮透.注意,此期间火力不要太旺,不要让锅内的液体煮沸.【图2】

④ 将苹果暂时捞出,使其自然冷却.将煮苹果的液体倒出过滤一下,再倒回锅中,慢慢煮至收汁.将用于保存的容器进行煮沸消毒,最后将锅内液体与冷却好的苹果一起倒入保存容器中即可.

point

制作蜜饯时,也推荐将部分的水以等量的酒替代.这样做出的蜜饯香气会更加浓郁,非常适合当做成人的甜点.

(36) 西式水果醋
品味果香馥郁的醇厚口感

[保 存]

冷藏可保存1周。

[食 材] (做好的成品约为470克)

- 菠萝…200克
- 苹果醋…300毫升
- 红糖…200克

[步 骤]

① 将菠萝去皮去芯后,切成体积便于一口吃下的块状.挑选菠萝时应选表皮呈黄色,香气浓郁,且成熟度较好的。

② 将用于保存的瓶子等容器进行煮沸消毒,再充分晾干,向容器中放入菠萝块和红糖,倒入苹果醋.【图1】

③ 为避免红糖一直沉积在容器底部,需不时拿起容器轻轻晃动几下,以使味道融合得更加充分.在静置反应的这段时间内,味道会变得更加温和醇厚,更适合于直接饮用.大约2周后就可以将菠萝块取出了,静置一段时间后便取出果实的部分,是由于如果一直放在里面,会产生出渣滓及杂味。

point

除菠萝之外,也可根据季节选用各种各样的水果来制作,果实的部分要趁风味尚且留存时取出.取出后也可直接食用.

温和地渗透出自然的甘甜味

(37)

甜米酒

【保存】

冷藏可保存10天。

【食材】(做好的成品约为780克)

· 大米…150克 · 水…500毫升 · 米曲(干燥)…200克 · 白砂糖…20克

【步骤】

① 将大米淘洗干净,加入500毫升水,用电饭煲煮成米饭,如果电饭煲具有"煮粥"的功能,则可用此功能来煮制。

② 用饭勺轻轻搅动米饭,使之冷却到约70℃。
由于米曲不耐高温,而在温度过低时又难以发挥作用,所以这时一定要切实测量温度。【图1】

③ 将米曲用手掰碎,放入米饭中(此时的温度应已降低到60℃左右),用饭勺在锅中整体搅动,使米饭和米曲充分混合到一起。

④ 将电饭煲设置为保温状态,敞开锅盖,且在锅盖上覆盖上1层湿毛巾,以防米饭及米曲干燥,这样静置8分钟左右,进行发酵。

⑤ 在步骤4的成品中加入白砂糖,并充分混合,使粗粒砂糖完全溶解,再根据个人喜好加入适量的水即可饮用,即可喝温热的,也可喝冰镇的。

point

在日本的俳句中,甜米酒是夏季的季语,确实如此,甜米酒作为一道富含营养的饮品,可以防止夏季倦怠,是一道由来已久的经典酒酿。也很推荐冰镇一下再喝。

可以在感冒时喝的经典酒

(38)

鸡蛋酒

【保存】

并不适合保存。

【食材】(做好的成品约为250毫升)

· 鸡蛋…1个
· 白糖…½大匙
· 日本酒…200毫升

【步骤】

① 将鸡蛋打入碗中,加入白糖和日本酒,将鸡蛋充分打散,使其与调料混合均匀。如果对酒精比较敏感,也可以事先将酒煮一下,以蒸发掉其中的部分酒精。

② 将步骤1中的成品从过滤器具上方倒入锅中,这样做可以使成品的口感更加顺滑。【图1】

③ 开文火熬煮,边煮边缓缓搅动,煮至鸡蛋变熟,如果火力开得过猛,锅内的液体会分离开,所以一定要注意火候。此外,由于这一步骤多少需要花些时间,比起直接放在明火上加热,可以将锅放入开水中烫热,利用这种"隔水加热"的方式,锅内的液体就不易分离了。

④ 待锅内液体的颜色稍有改变,且变得黏稠,即关火并将锅端下。

point

为避免鸡蛋分离,需用文火慢慢熬煮,火力不要开得太猛便是这一步骤的关键。由于鸡蛋酒不适合保存,建议做好后便趁热喝下。

39

新鲜水灵的果实酒

橙 酒

[保 存]

置于阴凉低温处可保存1年。

[食 材]

（做好的成品约为600毫升）

- 橙子…2个
- 柠檬…½个
- 丁香…5—6根
- 冰糖…80克
- 杜松子酒…600毫升
  （也可选用白酒）

[步 骤]

❶ 将橙子表面的蜡质层去掉，再将外皮上的水分擦拭干净，不去皮，直接切成厚度约1厘米的圆形厚片。切掉果顶处的梗及蒂部。

❷ 将柠檬去皮并去除果肉外白色的部分，同样地切成厚度约1厘米的圆形厚片。

❸ 将瓶子等用于保存的容器进行煮沸消毒，放入橙子片、柠檬片、丁香和冰糖，倒入杜松子酒。

❹ 置于阴凉低温处保存，其间需不时将容器轻轻摇晃一下，以使味道更好地融合在一起。

❺ 1个月后取出橙子和柠檬。
  如果在酿制1—2个月后饮用，柠檬的酸味尚且较浓，而在酿制时间超过半年以后，酸味就会趋于温和。

40

推荐在秋季酿造

石榴酒

[保 存]

置于阴凉低温处可保存1年。

[食 材]

（做好的成品约为600毫升）

- 石榴…1个（约350克，石榴籽净重约200克）
- 冰糖…80克
- 白酒…600毫升

[步 骤]

❶ 将石榴沿着内部长有分隔膜的地方下刀，再用手将其瓣成两半，取出石榴籽。

❷ 将瓶子等用于保存的容器进行煮沸消毒，放入石榴籽和冰糖，倒入白酒。

❸ 置于阴凉低温处保存，其间需不时将容器轻轻摇晃一下，以避免冰糖始终沉积在容器底部，并使味道更好地融合在一起。

❹ 3个月后取出石榴籽。此时即可饮用，但也可待其再熟成一段时间后再喝。

41

餐后爽口酒的不二之选

柠檬爽口酒

[保 存]

置于阴凉低温处可保存半年。

[食 材]

（做好的成品约为600毫升）

- 柠檬…5个
- 生命之水（96°伏特加）…250毫升
- 白砂糖…200克
- 水…250毫升

[步 骤]

❶ 将柠檬表面的蜡质层去掉，再将外皮上的水分擦拭干净，用削皮器尽可能薄地把柠檬皮削下来，尽量不要带有内层白色的部分。

❷ 将瓶子等用于保存的容器进行煮沸消毒，放入柠檬皮，倒入生命之水，盖好盖子，在阴凉低温处静置3—4天。

❸ 取1只锅，加入水和粗粒砂糖，边搅动边以中火加热，直至粗粒砂糖完全融化，而后即关火，使其自然冷却。

❹ 将步骤❷中的成品倒入步骤❸中冷却好的锅中，搅拌均匀，将用于保存的容器进行煮沸消毒，再将用于过滤的器具架在上面，将锅中液体从过滤器具上方倒入保存容器中。

菜谱食材索引

图书在版编目(CIP)数据

食鲜小菜自制指南 ／ 日本EI出版社编著 ；王祎译.—武汉 ： 华中科技大学出版社，2018.8
ISBN 978-7-5680-4301-4

Ⅰ.①食… Ⅱ.①日… ②王… Ⅲ.①菜谱－指南 Ⅳ.①TS972.12-62

中国版本图书馆CIP数据核字(2018)第165497号

JIKASEI NO KISOCHISHIKI © EI Publishing Co.,Ltd. 2012
Originally published in Japan in 2012 by EI Publishing Co.,Ltd.
Chinese (Simplified Character only) translation rights arranged with
EI Publishing Co.,Ltd. through TOHAN CORPORATION, TOKYO.

简体中文版由 EI Publishing Co., Ltd. 授权华中科技大学出版社有限责任公司在中华人民共和国 (不包括香港、澳门和台湾) 境内出版、发行。
湖北省版权局著作权合同登记 图字：17-2018-116 号

食鲜小菜自制指南
Shixian Xiaocai Zizhi Zhinan

（日）EI出版社 编著 王 祎 译

出版发行：	华中科技大学出版社（中国·武汉）	电话：	(027) 81321913
	北京有书至美文化传媒有限公司		(010) 67326910-6023
出 版 人：	阮海洪	邮编：	430223

责任编辑： 莽 昱　　　　　特约编辑： 唐丽丽
责任监印： 徐 露 郑红红　　封面设计： 锦绣艺彩

制　　作： 北京博逸文化传媒有限公司
印　　刷： 联城印刷（北京）有限公司
开　　本： 880mm×1230mm 1/32
印　　张： 6.25
字　　数： 134千字
版　　次： 2018年8月第1版第1次印刷
定　　价： 69.00元